KB111515

나는 연구하고
실험하고
개발하는
과학자입니다

나는 ———— 연구하고
실험하고
개발하는
과학자입니다

정종수
지음

만렙 과학자의 연구생활

플루토

《나는 연구하고 실험하고 개발하는 과학자입니다-만렙 과학자의 연구생활》은 과학 연구에 관한 입문서이자 가이드북입니다. 시중에는 과학 연구 방법을 다루는 책이 드물고, 특히 과학자를 꿈꾸는 학생들이 읽을 만한 과학 연구 입문서는 더더욱 드뭅니다.

필자는 1985년부터 현재까지 KIST(한국과학기술연구원)에서 과학 연구를 하고 있는 현역 과학자입니다. 주로 환경-에너지 분야의 연구를 하고 있습니다. 특히 2012년부터는 매년 고려대 대학원생을 대상으로 '환경에너지 연구 수행 전략'이라는 수업을 하고 있는데, 구체적인 연구 방법은 연구 분야에 따라 조금 달라지기 때문에 이강의에서는 과학 연구에 공통으로 적용될 수 있는 연구 전략

strategy을 다루고 있습니다.

몇 년 전에는 이 강의 내용을 쉽게 풀어서 'J 박사의 R&D 클리닉'이라는 칼럼을 직장 사내 블로그에 연재했습니다. 그때부터 R&D에 대한 고민을 가진 과학자들, 기업 경영자들을 상담하고 문제를 진단하고 해결하는 일을 본격적으로 준비 중입니다. 클리닉은 고민거리를 해결해주는 곳인 만큼, R&D 클리닉은 R&D와 관련하여 과학자들을 상담하고 문제의 원인을 진단하여 R&D 과정 중에 겪는 문제를 해결하는 곳입니다. 곧 클리닉을 열면, 여러분들의 고민 해결을 시작할 것입니다.

이 책의 독자 여러분들도 과학자의 연구가 궁금한가요? 과학 연구는 무엇인지, 과학자의 연구에는 어떤 고민이 있는지, 과학 연구 방법은 무엇인지, 어떤 연구가 좋은 연구인지, 연구 잘하는 방법은 따로 있는지 등, 의문이 들 만합니다.

우선 필자 스스로는 연구에 대해 어떤 고민을 하는지 생각해보았습니다. 어떤 주제를 연구해야 할까(어떤 분야의 무엇을 연구하고, 어떻게 설명해야 연구비를 확보할 수 있을까)? 그 연구를 과연 잘할 수 있을까(우리 연구실의 연구 장비로 좋은 결과를 낼 수 있을까)? 더 나은 아이디어는 없을까(지금 하고 있는 실험으로 충분할까)? 기대하는 결과가 잘 나올까? 어떤 실험 결과가 더 있어야 논문을 마무리할 수 있을까(거절당한 논문을 어떻게 살릴까)? 어떤 결과를 더 제시해야 출원한 특허가 등록될까? 이렇듯 필자에게도 연구에 대한 고민은 끝이 없습니다.

●○○

이 책은 필자가 과학 연구의 현장에서 겪어온 고민에 관한 답과 세미나와 강의, 칼럼을 통해 설명했던 과학 연구 방법을 총 11장에 걸쳐 정리했습니다.

1장은 '과학을 연구하는 사람, 과학자'에 대한 이야기입니다. 고대 그리스의 과학자 아르키메데스로 시작하여, 우리나라의 최무선과 화약 개발 연구, 파스퇴르와 백조목 플라스크 실험, 헬리코박터균을 발견한 의사 배리 마셜 등 사물과 현상을 탐구하는 과학자와 그들이 한 연구를 소개하고, 과학은 결국 연구하는 방법이라는 것을 설명합니다.

2장은 '과학자가 연구하는 법'으로 연구는 주장을 논증하는 것이라는 이야기로 시작하여 과학자가 과학 연구를 어떻게 하는지 설명합니다. 물리학자 파인만의 연구 수행 알고리즘을 소개하고, 과학이 신뢰받을 수 있는 이유를 설명합니다.

3장은 '연구 시작하기'로 주제 선정, 배경과 현황 파악을 위한 자료 조사, 연구 주제를 선택하는 기준, 가설 수립에 이르기까지 연구에 착수하는 데 중요한 사항들을 다룹니다.

4장은 '연구 설계하기'로, 시행착오를 피하려면 원리를 이해하고 연구를 설계해야 합니다. 연구 설계를 에디슨의 전구 발명 연구에 적용하여 시행착오를 피하는 방법을 보여줍니다.

5장 '실험하기'는 연구에서 가장 중요한 실험을 수행하는 과정, 즉 실험 선정, 설계, 예측과 예비 실험, 실험 수행 및 결과 분석, 결론 도출까지 설명합니다. 또한 실험 과정의 어려움과 실험을 잘하는 방법에 대한 설명도 포함되어 있습니다.

6장은 '연구 마무리하기'입니다. 표와 그래프 만들기를 포함한 결과 해석과 가설 검증, 연구 토론과 토의, 결론과 일반화 등을 설명합니다.

7장에서는 '연구 방법 훈련하기'를 다룹니다. 초급, 중급, 상급 과정으로 나누어 연구자의 훈련을 설명하고, 연구자가 갖추어야 할 지식 습득, 문제 파악 등 필수 역량을 다룹니다. 각 단계 연구자들을 위한 조언도 정리해두었습니다.

8장은 '연구 수행 전략'을 다루는 장입니다. 연구 전략의 구성 요소인 연구 목적, 분야, 상대, 연구자 자신과 연구에 필요한 인력, 인프라, 연구비, 시간 등 연구 자원에 대해 설명합니다. 그리고 대학, 연구소, 기업 연구에 적용할 좋은 연구 전략을 정리해보았습니다.

9장은 학교 수업으로 과제 연구를 하는 고등학생 초보 연구자의 연구 멘토링 실전 사례입니다. 주제 탐색을 위한 자료 검색, 연구 설계와 실험 계획, 실험과 결과, 결론 도출과 보고서 작성 등에 대해 예시를 들어 설명하였습니다. 과제 연구를 지도하는 멘토링에 도움이 될 내용도 정리해서 담았습니다.

10장은 필자인 'J 박사의 연구 에피소드'를 다룬 장입니다. 20대에 시작한 자동차 엔진 냉각 연구, 박사과정의 첨단 레이저 계측 기술 연구, 기술 도입으로 수행한 폐기물 소각로 개발 연구, 배기가스를 처리하는 촉매 소재 연구, 최근까지 진행 중인 실내 오염물질과 담배 연기 처리 기술 연구의 에피소드를 통해 실제 연구 진행 과정과 교훈을 정리했습니다.

11장은 '연구 수행 Q&A'입니다. 10여 년 동안 연구 수행 전략 강의를 수강한 대학원 학생들에게 받은 질문과 그 질문에 대한 답변을 담았습니다. 연구에 대한 질문과 그에 대한 답을 보면 연구에 대한 시야가 넓어질 것입니다.

●○●

　일반 독자에게는 이 책이 과학자와 과학 연구, R&D 과정을 이해하는 길잡이 입문서로, 과학자에게는 R&D 과정 중에 겪는 문제와 고민 해결을 도와주는 가이드북으로 자리매김하길 기대하겠습니다.

10장 J 박사의 연구 에피소드

11장 연구 수행의 Q&A

1장

과학자는 과학을

연구하는 사람

독자 여러분들이 생각하는 과학자는 어떤 모습입니까? 실험실 가운을 입고 사각 뿔테 안경을 쓰고 시험관을 들고 뭔지 모르는 용액을 비커에 따르고 있는 사람? 칠판 한가득 복잡한 수식을 정신없이 쓰면서 알 수 없는 말을 중얼거리는 사람? 나무로 빽빽한 밀림 속에서 곁에는 거추장스러워 보이는 장비를 늘어놓고 동물들을 관찰하는 사람? 사람들이 잘 모르는 자연현상과 과학 법칙을 밤낮으로 생각하는 사람?

과학자는 과학 연구를 하는 사람입니다. 과학 연구는 과학 지식을 탐구하기 위해 실험과 관찰을 통해서 자연현상을 발견하고 원리를 밝히는 활동입니다. 좁혀서 이야기하면 과학자는 연구 활동을 전문으로 하는 사람, 특히 주로 자연과학 분야에서 연구하는 사람을 말합니다. 하지만 자연과학을 연구하는 사람만 과학자가 아니라 인간에게 필요한 기술을 개발하는 공학자, 질병 원인을 파악하고 치료 방법을 찾아내서 치료하는 의사도 모두 과학자입니다.

이 책에서는 과학, 과학자, 과학자들이 하는 연구에 관해서 이야기해보려고 합니다.

과학하기, 연구하기

그럼 과학이란 무엇일까요? 자연 또는 사회현상을 이해하기 위한 학문이라고 정의할 수 있습니다. 하지만 학문인 동시에 연구 대상인 자연을 이해하고 설명하기 위한 합리적인 연구 방법 자체를 과학이라고 일컫기도 합니다. 연구는 현상을 설명하는 가설을 세우고 그가설을 입증하여 옳음을 주장하는 것입니다. 논리적이고 합리적 추론 방법으로 연구를 해야 다른 연구자들이 그 결과와 설명이 옳다는 것을 받아들일 수 있지요.

과학은 언제, 어떻게 시작됐을까

우리는 그리스 자연철학이 과학의 기원이라고 들어왔습니다. 하지만 그리스보다 앞선 시대인 이집트와 메소포타미아에서도 과학 활동을 한 기록이 있습니다. 이집트 과학은 수를 다루는 대수학, 토지 면적 측정에 유용한 기하학, 천문학, 의학 등을 연구했다는 기록이 있습니다. 한편 메소포타미아에서는 주로 별의 움직임 예측, 점성술 등 실용적인 목적으로 천문학 연구가 많이 이루어졌다고 합니다.

실용적으로 필요해서 학문을 연구한 이집트와 메소포타미아와는 달리 그리스에서는 천체 관측, 지진, 화산 등 자연현상의 원인을 논리적으로 설명하려고 시도했는데 이를 자연철학이라고 합니다. 현상을 관찰해 원리를 밝혀내는 활동이라는 면에서 그리스 자연철학이 학문으로서 과학의 기원이라고 말하는 것입니다.

이전의 사람들이 가졌던 그리스 신화적 자연관, 즉 천체, 지진, 화산 등의 현상을 신들이 일으킨다고 하는 생각에서 벗어나, 탈레스라는 학자를 중심으로 자연현상을 설명하기 위해 자연을 이루는 근본 물질을 밝히고자 했고, 일식, 월식, 태양계 행성의 움직임 등 우주 구조의 본질적 개념을 설명하려고 시도합니다. 이 시기 가장 대표적인 우주론인 지구중심설은 프톨레마이오스의 《알마게스트》(2세기)라는 책에 나옵니다. 지구중심설은 관측이나 실험으로 입증되지 않은 추상적인 이론이었지만, 그리스 자연철학에서는 이를 사실이라고 믿고 의심하지 않았습니다. 중세시대 유럽에서도 오랫동안 정설로 받아들여지면서 자연철학의 이런 학문 태도, 즉 관측이나 실험으로 입증되지 않은 이론을 의심하지 않는 태도가 후대의 과학 발전에 좋지 않은 영향을 주었다고 지적받고 있습니다.

그리스에서 다양한 자연철학 이론이 등장한 이유에 관해서는 국가적으로 학자들을 지원하지 않았기 때문이라는 의외의 설명도 있습니다. 즉 다른 나라와는 달리 학문 연구에 대해 국가적으로 지원하지 않았던 그리스에서는 학자들이 사설 학원 형태의 교육기관을 설립해서 운영했기 때문에 학생들의 흥미를 끌기 위해 이런 다양한 이론들을 제시했다는 거지요.

실험으로 시작된 근대 과학

근대 과학은 실험으로 시작되었다고 과학 사학자들은 말합니다. 그 전까지 통념으로 받아들이던 이론을 관찰이나 실험으로 입증하려는 노력이 근대 과학의 기원이라는 거지요. 예를 들면 코페르니쿠스가 저서 《천체의 회전에 관하여》를 출판하여 태양중심설(지동설)을 주장한 1543년부터 뉴턴이 《프린키피아-자연철학의 수학적 원리》를 발표한 1687년까지를 근대 과학혁명 시기로 봅니다. 통념으로 받아들이던 지구중심설(천동설)을 부정한 코페르니쿠스가 지동설이라는 가설을 제안하였고, 튀코 브라헤가 약 30년간 행성 공전을 관측(관찰)한 결과를 근거로 요하네스 케플러가 행성 운동 법칙을 발견하고, 뉴턴이 이 운동법칙을 수학적으로 설명하는 만유인력의 법칙으로 완성하였다는 것입니다. 즉 근대 과학은 추상적이고 이론적인 우주론을 천체 관측 결과로 확인하려는 시도로부터 시작되었습니다.

이외에도 16세기 영국의 프랜시스 베이컨이 발전시킨 귀납법적 (실험적) 연구 방법, 즉 자연현상을 관찰하고 이를 설명하는 가설을 세워 이를 검증하는 실험을 한 결과에 기반을 두고 결론을 내리는 연구 방법은 물론, 그 외 여러 기술자, 연금술사의 연구도 근대 과학혁명에 큰 도움을 주었습니다. 과학적 사고체계를 시작했다는 면에서 '과학의 기원'이라고 불리기는 하지만, 그리스 자연철학의 사고체계가 근거를 제시하지 못했던 한계를 실험(과학) 연구 방법을 결합하여 극복함으로써 근대 과학 연구가 제대로 시작된 것입니다.

연구는 '사물'과 '현상'을 탐구하는 일

과학에는 물리학, 화학, 생물학 등의 기초과학과 공학, 건축학, 의학, 수의학, 농학, 수산학 등의 과학 응용 분야가 있습니다. 최근에는 사회학 등 인문학에서도 과학이라는 용어를 사용하곤 합니다. 이렇게 '과학'이라는 용어를 널리 사용하게 된 이유는 '과학적 방법'으로 연구하였음을 강조하려는 의도입니다. '과학적 방법'에 관한 신뢰는 연구 방법의 객관성에서 옵니다. 즉 자연법칙은 어디에서든 동일하게 적용되므로, 어디에서, 언제, 누가 실험을 해도 결과가 같다는 재현 가능성을 전제하는 것입니다. 따라서 신뢰할 수 있는 합리적 연구 방법을 나타내는 의미에서 '과학'이라는 용어를 사용하는 것입니다.

연구란 무엇일까라는 생각은 단순히 연구의 정의에 관한 의문이라기보다는 어떻게 연구를 잘 할 수 있을까에 대한 질문이고, 그 방법을 고민한다는 의미일 것입니다. 필자는 여러 해 동안 연구해온 과학자이자 연구자입니다. 연구해서 논문을 쓰고, 특허를 내고, 기술 이전도 하고, 회사 창업도 해보았으니, 지금쯤은 '연구란 무엇일까?'란 질문의 답을 조금 알 법도 한데, 그렇지도 않다는 것이 필자의 솔직한 고백입니다.

유명한 물리학자 아인슈타인 같은 분은 좀 아실까요? 그가 연구에 대해 한 말을 찾아보았습니다.

"우리가 뭘 하는지 알고 연구를 하는 거라면, 그건 이미 '연구'라고 볼 수 없다If we knew what it was we were doing, it would not be called research, would it?."

'원래 뭘 하는지도 모르고 하는 게 연구다'라는 의미겠지요.

지금 과학하고 있습니다

이 책의 독자 여러분에게 과학자 몇 사람을 소개합니다. 부력을 발견한 과학자, 아르키메데스, 고려시대 화약을 국산화하여 개발한 기술자 최무선, 미생물이 자연발생하지 않는다는 것을 밝혀낸 생화학자 파스퇴르, 위염의 원인이 헬리코박터균임을 밝혀낸 의사 배리 마셜, 영화 〈마션〉의 주인공 마크 와트니입니다. 이 과학자들의 연구 과정을 따라가다 보면 과학이란 무엇인지, 연구란 무엇인지 좀 더 구체적으로 이해할 수 있을 것입니다.

'유레카!'를 외친 아르키메데스

아르키메데스라는 과학자의 이름을 들어보셨지요? 그리스 도시

국가 중 하나인 시라큐스의 왕실을 위해서 일하던 과학자입니다. 그를 유명하게 만든, 부력의 원리를 발견한 이야기는 이렇습니다.

시라큐스 왕은 아르키메데스에게 새로 만든 금관이 100퍼센트 순금으로 만들어진 것인지를 확인해달라고 요청했습니다. 왕이 준 금을 세공업자가 일부 빼돌리고 대신 은을 섞어서 왕관을 만들었다는 소문이 났고, 왕은 이 소문이 사실인지 확인해보고 싶었습니다.

아르키메데스가 우선 금관의 무게를 재보았더니 왕이 세공업자에게 준 금 무게와 똑같았다고 합니다. 금관에 은이 섞였는지, 섞였다면 얼마나 섞였는지를 어떻게 찾아낼 것인가 하는 어려운 문제와 맞닥뜨린 아르키메데스는 오랫동안 고심합니다. 금과 은의 밀도가 다른 것은 당시에도 잘 알려져 있었습니다. 밀도란 단위부피cm^3당 무게g로, 순금의 밀도는 $19.3g/cm^3$, 은의 밀도는 $10.6g/cm^3$입니다. 왕관의 무게는 이미 알고 있으므로 왕관의 무게를 그 부피로 나누어 금의 밀도와 똑같지 않다면 거기에 다른 물질, 예를 들면 은이 섞여 있다는 사실을 추정할 수 있을 겁니다. 다시 말해 왕관이 같은 무게의 금덩어리와 부피가 다르다면 순금 왕관이 아닌 거죠. 문제는 세공이 복잡한 실제 왕관의 부피가 얼마인지 알아내기 어렵다는 것이었습니다. 그랬기 때문에 세공업자가 왕관에 은을 섞고 금을 빼돌릴 마음을 먹었겠죠.

한동안 이 문제를 가지고 고민하던 아르키메데스가 하루는 목욕탕에 갔습니다. 그리고 목욕탕에서 큰 깨달음을 얻습니다. 물이 찰랑찰랑한 욕조에 들어갈 때 물이 넘치는 것을 보고, 자신의 몸 부피와 넘치는 물 사이에 어떤 관계가 있다는 걸 깨달은 것입니다. 그러고는 벌떡 일어난 아르키메데스가 벗은 몸으로 목욕탕을 뛰쳐나가 거리를 달리면서 '유레카'라고 외쳤다는 일화는 아주 유명하죠. '유레카'라는 말은 그리스어로 '알았다'라는 뜻이랍니다.

아르키메데스가 깨달은 바는 이렇습니다. 금관을 물에 담갔을 때 넘치는 물의 부피가 금관의 부피라고 가정하고, 그 부피로 금관의 무게를 나누면 금관의 밀도를 구할 수 있습니다. 이렇게 구한 밀도를 순금 밀도와 비교하면 문제가 해결됩니다. 순금관의 무게가 약 1킬로그램이라고 가정할 때 부피는 대략 50세제곱센티미터이고, 은 1킬로그램의 부피는 94세제곱센티미터 정도이므로, 은을 30퍼센트 섞었다면 부피는 65세제곱센티미터 정도일 것입니다. 이렇게 차이가 나면 순금이 아니라는 것을 충분히 확인할 수 있었을 테고, 세공업자를 처벌할 증거가 되었을 겁니다.

이 에피소드는 전형적인 과학 연구 사례입니다. 물이 넘치는 현상을 관찰하고, 과학적으로 생각(추론)해서 그 현상의 원인(물체 부피에 비례)을 밝혀내고, 추가 실험을 거쳐 (부력의) 원리를 발견하고, 이 원리를 통해 문제(왕관이 순금인가?)를 해결해낸 아르키메데스. 그는 훌륭한 과학자의 원조라고 하겠습니다.

최무선과 화약 개발

고려시대 화약을 '발명'했다는 최무선을 모르는 한국인은 없을 겁니다. 어린 시절 최무선의 업적을 소개한 위인전을 읽어보지 않은 한국인도 거의 없겠죠. 그런데 이분은 과학자일까요?

《조선왕조실록》에는 "(최무선은) 일찍부터 병법에 관심이 많았고, 왜구를 물리치는 데 화약만큼 효과가 있는 무기가 없다고 판단하고 개발에 나섰다"는 기록이 있습니다. 화약은 8세기 중국 당나라 시대에 발명된 이후 송나라와 몽골, 원나라를 거치면서 화약과 대포(화포) 같은 무기로 쓰이고 있었습니다. 사실 최무선 이전에도 고려에 화약이 없었던 것은 아닙니다. 몽골 등을 통해 이미 고려에 들어와 있었습니다. 따라서 최무선이 최초로 화약을 '발명'했다기보다는 고려에서 화약을 대량 생산하고 무기에 사용할 수 있는 기술을 개발한 것입니다.

최무선은 화약과 화포를 개발하기로 마음을 먹고 중국 상인 등에게서 정보를 입수하려고 했습니다. 당시 최신 병기인 화약에 관해서는 관련 서적에 염초(질산칼륨), 유황, 목탄(숯)이 재료라고 소개되어 있었지만, 재료의 혼합 비율 등 자세한 내용은 당연히 중국의 국가 기밀이라서 알기 어려웠습니다. 최무선은 중국의 화약과 화포에 관한 여러 기술서들을 분석한 후 이를 바탕으로 직접 화약을 만들기 시작했습니다. 특히 염초를 정제하는 복잡한 공정은 화약 제조에서 가장 큰 어려움이었습니다.

드디어 화약 제조법을 독자적으로 개발하는 데 성공한 최무선은 고려 조정에 보고했습니다. 고려 조정은 화약 제조에 성공했다는 사실을 처음에는 믿지 않았습니다. 하지만 시험을 통해 성공을 확인한 다음에는 화통도감이라는 기관을 세우고 최무선을 책임자인 제조(소장)로 임명하여 화약과 화포를 개발하도록 했습니다. 이 화포는 고려 말에서 조선 초기에 왜구와의 해전에서 큰 공을 세웠고, 후에 충무공 이순신 장군의 거북선, 판옥선에서 사용한 화포인 현자총통도 최무선의 화포 전통이 이어진 것입니다.

그렇다면 최무선은 과학자일까요? 화약의 재료인 염초, 유황, 숯의 배합 비율을 수없이 바꿔 실험을 하면서 화약 제조 기술을 개발해낸 최무선은 과학자이자, 오늘날로 생각하면 국방과학연구소 소장으로 연구진을 지휘하여 당대 최고 무기를 개발한 연구자입니다.

파스퇴르와 백조목 플라스크 실험

파스퇴르는 생물의 자연발생설 논쟁을 끝냈다고 평가받는, 유명한 백조목 플라스크 실험을 한 과학자입니다. 그 이전에도 맥주 산업, 포도주 산업에서 매우 중요한 발효 과정에 미생물이 관여한다는 사실을 밝혀내서 화학자로 잘 알려졌지요. 어느 날 파스퇴르의 연구실로 한 양조업자가 찾아옵니다. 포도주가 식초로 변하는 문제를 해결해달라고 요청하기 위해서였죠.

이 문제를 해결하기 위해 파스퇴르는 연구를 시작합니다. 공기 중의 먼지를 모아서 현미경으로 조사해보니 발효 미생물과 유사한 입자를 관찰할 수 있었습니다. 우선 파스퇴르는 플라스크에 영양액(설탕물 효모액)을 넣어두면 미생물이 쉽게 발생하지만, 일단 끓여서 미생물을 제거하고 공기를 차단하면 상온에 오래 두어도 미생물이 발생하지 않는다는 것을 확인합니다. 반면 공기에서 걸러낸 먼지를 플라스크에 넣으면 2~3일 만에 미생물이 번식하는 것을 관찰합니다. 파스퇴르는 이 관찰을 통해 '(공기 중에 존재하는) 먼지 속 미생물이 영양액에 들어가 번식한다'는 가설을 세웁니다. 그리고 다음 실험에 들어가죠.

'먼지 속 미생물이 영양액에 들어가 번식한다'는 가설을 입증하기 위해 실험을 계획한 파스퇴르는 공기 중 먼지만 차단하는 백조목 플라스크 실험 장치를 구상합니다. 유리 플라스크 입구를 가열해서 S자 모양으로 늘린 장치인데, 이렇게 하면 공기는 통과하지만 S자 관 내에 고인 물로 먼지 입자는 차단됩니다.

실험 결과, 파스퇴르가 세운 가설대로 백조목 플라스크 내에서

백조목 플라스크

는 일반 플라스크와는 달리 미생물이 전혀 발생하지 않았지만 백조목을 잘라 먼지가 들어가게 하자 미생물이 다시 번식하는 결과를 얻습니다. 이 결과를 근거로 파스퇴르는 미생물 발생의 기원은 공기 중 먼지 속의 미생물이라고 확신합니다. 이후 추가 실험으로 공기와 접촉하면 쉽게 변질되는 소변도 백조목 플라스크 안에서는 부패하지 않는 것을 확인합니다.

파스퇴르는 먼지가 없는 깨끗한 공기에서는 미생물이 발생하지 않는다는 사실을 보여주는 또 다른 실험을 계획합니다. 천문대 돔, 고원지대, 고지대 등 실험실보다 깨끗한 공기를 다양한 장소에서 채집하여 플라스크에 넣어 미생물이 발생하는지 여부를 관찰하는 실험을 한 것이죠. 20개 플라스크 중 몇 개에서 미생물이 발생하는지 관찰했더니, 20개 플라스크 모두 미생물이 발생한 실험실 공기와는 달리, 해발 2,000미터 빙하지대에서 채취한 공기에서는 20개 중 단 1개의 플라스크에서만 미생물이 발생했습니다. 1861년 파스퇴르는 파리화학회에서 〈자연발생설 비판〉이라는 유명한 논문을 발표합니다.

파스퇴르는 연구 주장을 논증하기 위해 어떤 실험이 필요한지 자세히 검토하고, 실험을 설계하고, 실험 결과를 근거로 주장을 입증하는, 과학 연구 방법을 체계화한 과학자입니다.

배리 마셜과 헬리코박터균
오스트레일리아 로열 퍼스 병원에서 근무하던 병리학자 로빈 워런은 1979년 위에 염증이 발생한 환자의 위내시경 검사 결과를 분석하다가 위 점막 부근에서 살아 있는 박테리아를 발견합니다. 위 속에서는 강한 위산 때문에 박테리아가 살 수 없다는 통념이 퍼져 있던 학계에서는 이 발견을 인정하지 않았습니다. 그렇지만 같은 병원에서 근무하던 내과의사 배리 마셜은 이 박테리아가 위 점막에 염증을 일으킨다는 가설을 세우고 워런과 함께 연구합니다. 그렇지만 위궤양이나 십이지장궤양 환자의 위에서 발견되는 '헬리코박터파일로리'라는 박테리아가 위염의 원인이라는 근거를 찾기 위한 동물실험이 모두 실패하고, 논문 게재도 거절당하고 맙니다.

하지만 마셜은 포기하지 않았습니다. 실패한 동물실험을 대신해서 헬리코박터 배양균을 자신이 직접 마시고 위에 급성 위궤양이 생겼음을 내시경으로 확인한 다음, 항생제를 복용하여 이 균을 제거하여 치료하는 실험을 진행한 것입니다. 이 실험 과정을 담은 논문으로 마셜은 유명해집니다. 자기 몸을 실험 대상으로 삼은 일화는 큰 화제가 되었고, 이 연구 성과를 인정받아 2005년 배리 마셜과 로빈 워런은 노벨 생리의학상을 공동 수상했습니다. 하지만 동물실험에서 실패한 실험을 사람에게 하는 것을 엄격히 금하는 연구 윤리를 위반했기 때문에 사실 절대 따라 하면 안되는 실험입니다.

그런데 헬리코박터는 어떻게 위 안에서 생존할 수 있는 걸까요? 헬리코박터는 위에서 산도가 가장 낮은 안쪽 점막세포 주변에서 삽니다. 이곳에 살면서 강력한 요소 분해효소를 분비해 암모니아를 생성하고 암모니아는 위산을 중화시켜주어 헬리코박터가 생존할 수 있는 환경을 만드는 것입니다.

의사인 배리 마셜은 위궤양 환자에게서 발견된 박테리아를 관찰하여 이 박테리아가 위에 염증을 일으키는 원인이라는 가설을(자기 몸을 대상으로) 실험하여 입증한 과학자이자 연구자입니다.

흡연실의 J 박사

KIST에서 환경 연구를 하는 J 박사는 세계 각국으로 출장을 갈 때마다 흡연실을 찾아다닙니다. 골초가 아닌데도 흡연실을 찾는 이유는 담배 연기를 분해하는 청정 흡연실 개발이 J 박사의 연구 주제이기 때문입니다. J 박사는 이렇게 말합니다.

"해외에 출장을 가면 흡연실부터 찾습니다. 세계 각국 어디를 가나 흡연실은 비슷합니다. 담배를 피우는 사람도 그 안의 냄새나 탁한 공기를 싫어하기는 마찬가지입니다."

J 박사는 담배 연기를 처리하는 나노촉매필터를 개발했습니다. 담배 연기 중 니코틴은 물론 발암물질인 포름알데히드, 아세트알데히드를 100퍼센트 제거하는 공기정화기에 필요한 기술입니다.

J 박사가 청정 흡연실을 연구하기 위해 실험을 하려면 담배 연기가 필요했습니다. 처음에는 연구원이 직접 담배를 피워 연기를 만들었지만, 이 방법에는 한계가 있어서 담배 피우는 기계를 만들어 실험실에 설치한 흡연실에서 실험했습니다. 그러나 바깥으로 조금씩 새

나가는 담배 연기 때문에 곤란한 일을 여러 번 겪어야 했습니다. 같은 건물을 쓰는 다른 연구자들이 찾아와 "실험실에서 담배를 피우는 것 같은데 꼭 좀 주의하라"라고 항의하기도 했고요. J 박사는 이때를 이렇게 회상합니다.

"다른 연구실의 항의를 피하려다 보니 결국 연구소에 사람이 없는 새벽 시간에 실험을 했습니다. 나중에는 연구를 의뢰한 업체인 KT&G의 흡연실에서 실험을 진행했고요."

J 박사는 대기오염물질 방지 기술 연구자입니다. 공장의 배출 가스를 분해하는 나노 촉매 연구로부터 담배 연기를 제거하는 기술이 파생됐습니다. 새로운 방법으로 합성한 촉매를 담배 연기에 적용할 수 있다고 생각하고 있던 차에, KT&G의 지원을 받게 됐습니다. J 박사는 촉매 성분을 휘발시켜 기체상에서 합성하여 촉매를 만듭니다. 용액 중에서 촉매를 합성하는 기존의 촉매 합성 방식과는 크게 달라서 처음에는 회의적인 시선을 받았지만, 결국 우수한 촉매 입자 합성에 성공했고 이 촉매를 활용한 실내 공기정화 시스템을 개발했습니다. J 박사는 이후에 기업을 창업하고, 저렴한 새로운 소재를 찾고, 제조 공정을 단순화하여 널리 보급할 필터를 개발하는 후속 연구를 하고 있습니다.

J 박사는 나노촉매의 과학적 원리를 연구하고, 이 원리를 바탕으로 촉매 기술을 연구하고 개발한 연구자이자, 흡연실 문제를 해결할 공기청정기용 필터 제품을 생산하는 기업의 창업가입니다.

화성의 마크 와트니

　마크 와트니는 영화로 만들어진 SF 소설 《마션》의 주인공입니다. 화성 탐사대의 일원이었던 와트니는 사고로 화성에 홀로 남겨지는데, 와트니에게 연구란 곧 살아남기 위한 투쟁입니다. 산소도, 물도, 식량도 없는 화성에서 식물학자이자 기계공학자인 와트니는 살아남기 위해 자신이 지닌 모든 과학 지식을 총동원합니다. 영화 〈마션〉에서는 와트니(맷 데이먼)가 "I'm gonna have to science out of this"라고 선언하는 장면이 나옵니다. 여기서 science는 '과학한다'라는 의미의 동사로, 이 대사를 번역하면 "나는 여기서 과학으로 탈출할 거야"라는 의미입니다.

　와트니는 화성에서 홀로 살아남기 위해 고군분투합니다. (추수 감사절 축하를 위한) 화물에서 발견한 감자를 재배하겠다고 결심한 식물학자 마크 와트니는 농사에 필요한 물을 얻기 위해 매우 위험한 실험을 합니다. 로켓 연료 하이드라진이 수소와 질소의 화합물이라는 점에 착안해 이를 촉매로 분해해 수소를 얻고 산소로 태워서 농사에 필요한 물을 얻습니다. 이 밖에도 생존을 위한 화학, 화학공학, 기계공학 응용 연구는 계속됩니다. 폐기됐던 방사성 플루토늄 발전기를 찾아내 실내 히터로 사용하여 화성의 추위를 이겨내고, 차량 충전용으로 개조한 태양광 패널을 차 지붕에 싣고 장거리를 이동해서 NASA가 1997년 화성에 보낸 패스파인더를 찾아내 지구와의 통신에 성공합니다. 자신을 구하러 온 탐사 모선에 닿을 수 있는 고도에 도달하기 위해 앞부분 덮개를 전부 제거해 무게를 줄인 위험한 오픈카 상승선을 타고 결국 지구로 돌아옵니다.

소설은 마크 와트니가 (화성의) 상황을 이해하고, 자신이 가진 과학 지식을 활용해 문제를 해결하면서, 구조대가 도착하는 4년 후까지 살아남는 과정을 다룹니다. 아쉽게도 영화에는 나오지 않았지만, 화성에서 생존하기 위해 와트니가 산소 발생기, 대기 조절기, 물 환원기를 어떻게 개조하는지 상세하게 설명합니다. 만일 필자가 주인공이라면 화성에서 과학자로서 어떻게 생존할 수 있었을까 상상하는 것이 즐거웠습니다.

소설이고 영화지만, 과학자의 연구 능력을 철저히 과학적인 방법으로 사용하여 화성에서 생존하고 결국 지구로 돌아오는 데 성공하는 마크 와트니를 보여주는 작가의 의도에 공감합니다. 작가도 컴퓨터과학자라고 하지요.

●○●

지금까지 여러 과학자들의 다양한 연구 방법과 연구 과정을 살펴봤습니다. 다시 한번 정리해볼까요?

고대 그리스의 과학자 아르키메데스는 욕조의 물이 넘치는 현상을 관찰하고는 '왕관의 부피가 물이 넘치는 것과 관련이 있는 건 아닐까?' 하고 생각했고, 이 생각을 확인하기 위해 왕관과 같은 무게의 금덩이의 부피를 재는 실험을 했습니다. 아르키메데스는 관찰, 추론, 실험이라는 일반적인 연구 과정에 따라 부력의 원리를 발견하는 연구를 한 것입니다.

재료의 배합 비율을 바꿔가며 실험하여 화약을 개발한 고려의 최무선의 연구도 과학 연구입니다. 고려에 당대 최강의 무기인 화약이 없다는 문제를 해결하려 했던 최무선은 어떻게 화약 제조법을 찾을지 문제를 분석하고, 중국 서적과 상인으로부터 기존의 제조법을 입수합니다. 그렇게 만든 화약들로 폭발 시험을 거듭하여 드디어 화약 제조법을 개발하고, 이후 화포 개발에도 성공했습니다.

과학 연구 방법을 체계화한 파스퇴르의 연구는 물론이고, 위염의 원인이 헬리코박터균임을 자기 몸을 실험 대상으로 삼아 입증한 의사 배리 마셜의 연구, 촉매 원리를 연구하여 담배 연기 분해 기술을 개발하고 흡연실 실험을 통해 성능을 확인한 J 박사의 연구, 화성에서 홀로 살아남아야 한다는 문제를 해결하기 위해 공기도, 물도, 식량도 없는 절박한 상황을 분석하고 식물학과 기계공학 지식으로 감자 재배, 물 생산, 지구와의 통신, 발열체라는 해결책을 찾아낸 《마션》의 마크 와트니의 연구는 모두 과학자가 하는 다양한 연구 과정을 보여 주는 훌륭한 예입니다.

과학은 연구하는 방법이기도 하다

과학 연구 방법은 자연현상이나 사회현상을 연구하여 새로운 지식을 구축할 때 연구자가 사용하는, 가설 설정에서 결론 도출까지의 방법을 말합니다. 다시 말해 연구자의 경험과 실험 결과라는 증거를 사용하여 현상의 원리를 밝히는 과정이지요. 이 과정은 17세기 이후 자연과학에 의해 정형화된 방법으로, 계획에 의한 관찰, 측정, 실험, 일반화, 시험, 새로운 수정 가설 제시, 결론 등 일련의 과정으로 이루어집니다.

과학적 연구의 일반적 과정은 대체로 다음과 같습니다.

문제 정의⇒정보와 자료 수집(관찰)⇒(관찰한 사실을 설명하기 위한)

가설 설정⇒(가설 확인을 위한) 실험(데이터 수집)⇒실험 결과(데이터) 분석⇒(분석 데이터를 기준으로) 가설 평가⇒새로운 가설 설정⇒실험, 결과 분석, 평가⇒결론⇒실험 재현⇒결론 일반화⇒이론으로 인정

'과학 연구'와 '과학적 연구'

과학science 연구와 과학적scientific 연구는 같은 개념일까요? 필자도 강의 활동 초창기에는 이 둘을 특별히 구별하지 않았고 대체로 이 둘을 혼동해서 씁니다. 하지만 이 둘은 잘 구별해야 합니다.

'과학 연구'는 자연현상이라는 연구 대상에 초점을 맞춘 용어입니다. 즉 자연현상을 이해하기 위한 연구라는 말입니다. 이에 반해 '과학적 연구'는 방법에 초점을 맞춘 용어입니다. 현상을 관찰하고 검증하는 연구 방법이 과학적이라는 말입니다. 현상을 설명하기 위해 관찰, 이론, 실험, 재현 등을 논리적으로 실행했다는 의미인 거죠. 그렇다면 '비과학적' 연구도 있을까요? 근대 과학이 정립되기 전에는 부정확하고 선별적인 관찰, 성급한 일반화, 신비화 등 지금 기준으로는 과학적이지 않다고 생각되는 방법으로 연구를 했습니다. '현자의 돌'이라는 신비한 물질을 만들어서 흔하고 값싼 금속인 납을 값비싼 금으로 변화시키려던 연금술이 대표적인 예죠.

현재의 과학적 연구는 귀납적, 경험적 진리를 중시합니다. 프랜시스 베이컨은 관찰과 실험, 이론 적용과 계산 등의 연구 방법을 사용

하여 타당한 결론에 도달하는 귀납적 방법론을 고안해냈습니다. 과학자들은 귀납적 방법론이 과학 연구에 알맞은 방법이라고 생각하고, 수많은 검증 실험을 통과한 이론theory을 과학 법칙law이라고 받아들입니다.

앞서 소개한 것처럼 최근에는 과학이라는 용어를 확장해서 심리학, 경제학 등 사회과학이나 언어학 등 인문과학에서도 사용합니다. 사회과학에서 과학적 연구란 체계적이고 합리적인 방법으로 연구하여 사회현상을 설명했다는 것을 나타내는 용어입니다. 다시 말해 사회과학social science이라는 용어는 사회현상을 설명하는 이론을 찾기 위해 자연과학의 연구 방법인 관찰, 이론, 실험, 재현 등으로 구성된 과학적 방법론을 적용했다는 의미입니다.

과학 연구의 즐거움

미국의 물리학자 리처드 파인만은 노벨물리학상을 받은 후 수상 연설에서 "나는 무언가를 발견하는 (연구의) 즐거움이라는 상을 이미 받았다"라고 이야기했습니다. 연구자, 즉 과학자는 연구하는 과정에서 무언가를 발견하는 즐거움이라는 보상을 이미 받았으며, 세상이 그 연구 성과를 인정하여 받는 노벨상은 덤이라는 의미겠죠. 필자도 발견하는 즐거움이 큰 보상이라는 말에 동의합니다. "천재는 노력하는 사람을 이길 수 없고, 노력하는 사람은 즐기는 사람을 이길 수 없다"는 말도 있습니다. 연구 그 자체에서 느끼는 즐거움이 과학자가 어려운 연구를 지속할 수 있는 동기일 것입니다.

파인만은 자신이 쓴 《발견하는 즐거움》에서 과학 지식을 주입하는 현재의 과학 교육이 과학하는 즐거움을 가르치지 못한다고 지적합니다. 필자도 깊이 공감합니다. 중고등학교 때 받았던 물리 수업을 떠올려보면 답답하기 그지없습니다. 뉴턴의 만유인력 법칙을 배우는데, 운동의 제1법칙, 제2법칙, 제3법칙이 무엇인지 설명하고 이 법칙을 이용해서 주어진 문제를 푸는 방법을 가르칩니다. 문제 풀이 연습도 많이 하죠. 물론 시간이 충분하지 않기에 그렇겠지만, 학생들이 스스로 관찰하고 생각하는 과정을 거쳐서 과학을 탐구하도록 하면 과학의 즐거움을 느끼고 과학에 관해 관심도 가지게 되지 않을까요?

과학자가 연구를 시작할 때는 이미 이 주제를 연구했던 연구자의 관련 논문을 읽어보면서 연구할 문제가 아직 남아 있는지 찾으려고 합니다. 그런데 논문을 읽으면 대부분 연구가 이미 되어 있고, 그 결과도 모두 맞는 것 같습니다. 기존의 설명을 뛰어넘는 새로운 결과가 나오는 연구를 할 수 있을까 염려되기도 합니다. 하지만 과학과 과학자의 기본 태도는 기존의 연구 결과와 알려진 지식을 의심하는 것입니다. 지식을 배우고 이해하고 응용하는 데 만족하기보다는 현상에 대한 기존의 설명을 의심하고 비판하면서 새로운 주장을 시도하는 자세가 과학자의 마음가짐이며 과학자로 성장하는 데 필요한 자질입니다. 진리라고 생각한 과학 법칙도 결국은 깨지고, 그 과정을 통해 새로운 과학 법칙이 등장하는 거죠.

2장

과학자가

연구하는 법

과학자는 연구를 하는 사람, 즉 연구자라고 했습니다. 그럼 과학자들은 어떻게 연구를 할까요? 왜 연구를 하는 걸까요? 독자 여러분은 연구에 대해서, 또 연구 과정에 대해서 얼마나 알고 있나요?

연구를 하는 이유는 어떤 현상을 밝혀내고 설명하기 위해서입니다. 연구 과정에서 과학자가 실험을 하는 것은 밝혀낸 사실이 진실이라고 설득하려면 믿을 만한 근거가 있어야 하기 때문입니다. 연구 과정은 다른 말로 연구 프로세스라고도 부릅니다. 무엇이든 잘하려면 그 과정에 익숙해져야겠지요? 연구를 잘하려면 당연히 연구의 과정과 단계를 잘 이해하고, 체계적으로 진행하는 연구 과정에 익숙해져야 합니다.

여러분도 뭔가 생각하고 있는 것을 다른 사람에게 주장할 때가 있지요? 단순히 "나는 이게 저것보다 좋아"처럼 자기 기호나 취향을 이야기하는 때도 있고, "이게 사실이야" 하고 주장하고 설득해야 할 때도 있습니다. 무엇을 더 좋아한다는 취향을 이야기할 때는 '이것 때문에 좋다'고 이유를 제시하기도 합니다. 그러면 상대방은 그게 뭐가 좋으냐고, 자신이 싫어하는 이유를 들어 반박하고 논쟁하기도 합니다. 하지만 취향은 논증의 대상이 아니며, 꼭 입증해야 하는 것도 아닙니다. 취향을 이야기할 때는 이유와 근거를 제시하지 않아도 괜찮습니다.

하지만 뭔가 의미 있는 주장을 하려면 그 주장이 믿을 만하다고 설득할 만한 근거가 있어야겠지요. 그래서 연구에는 주장, 이유, 근거라는 공통 요소 또는 공통 과정이 있습니다. 우선 연구를 할 때 어떤 순서와 단계를 거치는지 설명하겠습니다.

연구란 주장을 논증하는 것

어떤 주장을 하고 근거를 들어 입증하는 것을 논증이라고 합니다. 과학자가 하는 연구도 논증입니다. 어떤 사실을 관찰하고, 관찰한 사실에 관해 어떤 주장을 하고, 그 주장을 근거를 들어 논증하는 것, 그것이 연구입니다. 주장을 논증argument할 때 그 주장이 맞는다는 것을 확실하게 입증하는 실험이나 관찰 결과는 근거 중 가장 으뜸입니다. 그래서 근대 과학의 확실한 연구 방법이 실험과 관찰인 거지요.

과학자가 연구하는 과정에는 다음과 같이 실험과 관찰이 포함됩니다. 우선 해결해야 할 문제를 정하면, 그 문제를 탐구해서 '이것이 답이다'라는 가설을 세웁니다. 그런 후 그 가설이 맞다는 것을 입증할 수 있는 근거를 얻기 위한 실험이나 관찰을 준비하고, 실제로 실험을 해서 나온 결과로 주장을 입증하려 합니다. 이렇게 가설(주장)을 입증하는 근거를 마련하는 여러 활동을 통칭해서 연구라고 하지요.

아래에 과학 연구의 일반적인 과정을 간단한 도표로 나타내보았

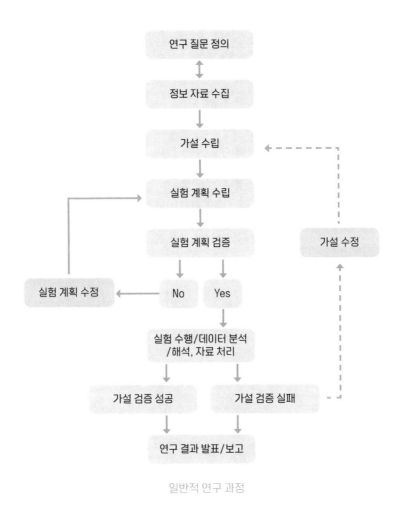

일반적 연구 과정

습니다. ① 연구 주제, 즉 연구 질문을 정하고 ② 정보와 자료를 모으고, ③ 가설을 세우고, ④ 연구 방법을 고려해서 실험(을 포함한 연구) 계획을 수립하고, ⑤ 실험을 수행한 다음 실험으로 얻은 결과를 해석하고, ⑥ 실험 결과를 가설과 비교하여 결론을 내리는 과정이 일반적 연구 과정입니다. 여기에 결과를 정리하여 보고서와 논문을 쓰는 일이 추가됩니다.

이 과정은 말 그대로 일반적인 연구 과정이므로 연구자마다, 또 상황마다 조금씩 다릅니다. 필자가 실제 연구에서 거치는 과정을 다음과 같이 정리해보았습니다.

① 현실에서 해결해야 할 문제를 파악한다.⇒실제 문제

② 이 문제의 해결책을 끌어내려면 먼저 어떤 문제를 연구해야 하는지 찾아낸다.⇒연구 문제

③ 연구 문제의 해결책을 생각해서 후보를 제시해본다.⇒해결책 도출

④ 이 해결책을 현실에서 구현하려면 우선 어떤 질문에 답해야 하는지 쓴다.⇒연구 질문

⑤ 연구 질문의 답이 될 가설을 세우고, 그 가설의 이론적 이유를 깊이 생각한다.⇒가설과 이유

⑥ 가설을 입증하기 위해 필요한 근거(실험 결과)를 얻을 만한 실험을 계획하고 수행한다.⇒실험 계획과 수행

⑦ 실험 결과가 가설을 입증하지 못할 경우 가설을 수정해서 새로운

가설을 만든다.⇒가설 수정과 실험

⑧ 가설 수정과 실험 과정을 반복하면서 가장 그럴듯한 설명을 결론으로 제시한다.⇒결론 제시

⑨ 검증된 결론(답)을 바탕으로 연구 문제의 해결책을 만든다.⇒해결책 제시

⑩ 이 해결책을 실제 문제에 적용할 때 새로운 문제가 생기지 않는지 확인한다.⇒새 문제 확인

⑪ 문제가 해결되고 새 문제가 없으면, 연구 과정과 결과를 정리하여 보고서와 논문을 쓴다.⇒마무리

⑫ (보고서와 논문을 발표하기 전에) 기술 특허를 출원한다.

필자가 12단계로 연구 프로세스를 정리했지만, 역시 복잡하지요? 물론 어떤 연구도 과정은 간단하지 않습니다. 연구 프로세스가 이렇게 복잡한 이유는 연구 결과는 물론 과정 자체가 객관적으로 믿을만해야 하기 때문입니다. 혹시 훨씬 간단한 방법은 없을까요?

파인만 알고리즘

다음처럼 3단계로 연구 프로세스를 쓸 수 있다면 어떨까요?

① 문제를 쓴다.

② 열심히 생각한다.

③ 답을 쓴다.

이렇게 간단하게 해도 연구가 잘 될까요? 예전에 코끼리를 냉장고에 넣는 방법에 관한 우스갯말이 있었습니다.

① 냉장고 문을 연다.

② 코끼리를 넣는다.

③ 냉장고 문을 닫는다.

이제 이 아재 개그가 생각나는 건 필자가 아재이기 때문일 겁니다. 인정합니다. 아무튼 위에서 소개한 '문제를 쓴다, 생각한다, 답을 쓴다'와 비슷하지요?

이 3단계 연구 프로세스는 필자가 고안한 건 물론 아니고, 파인만 문제 해결 알고리즘The Feynman Problem-Solving Algorithm, 간단히 파인만 알고리즘이라고 부르는 것입니다. 원문은 다음과 같습니다.

① Write down the problem.

② Think very hard.

③ Write down the answer.

1장에서 소개된 물리학자 리처드 파인만의 이름이 붙어 있는 파인만 알고리즘은 예상과는 달리 파인만이 발표한 알고리즘은 아닙니다. 흔히 칼텍CalTech이라고 불리는 캘리포니아공과대학에서 파인만과 함께 근무하던 라이벌 물리학자 머리 겔만 덕분에 유명해졌죠. 겔만은 철저히 수학적 방법론으로 물리학을 연구하는 과학자였기 때문에, 직관을 적극적으로 활용하는 파인만의 문제 해결 방법을 좋아하지 않았다고 합니다. 이러한 겔만이 언론과의 인터뷰에서 "파인만은 평소 연구할 때 그냥 문제를 쓰고, 생각하고, 답을 쓰는 것 같다"라고 이야기했답니다. 지극히 복잡한 연구 과정을 파인만처럼 '문제-생각-답'이란 3단계로 너무 단순화하면 곤란하다는 말을 하고 싶었던 것 같습니다. 그런데 아이러니하게 겔만의 인터뷰 덕에 오히려 파인만 알고리즘이 유명해졌습니다. 물론 두 물리학자 모두 훌륭한 연구자들로, 후에 노벨 물리학상을 받았습니다.

이 단순한 파인만 알고리즘을 좀 깊이 생각해보니, 실제에 적용할 만한 훌륭한 연구법이라는 생각이 듭니다. 이제부터 파인만 알고리즘 3단계를 실제 연구 과정에 구체적으로 적용해보겠습니다.

STEP 1 문제를 쓴다

파인만 알고리즘의 첫 단계는 '문제를 쓴다'입니다. 어떤 연구를 할지, 즉 연구 주제를 정한다는 의미이지요. 다시 말해 어떤 문제를 연구할지 정하는 첫 단계로, 해결하고 풀어야 할 문제를 정합니다.

"(많은 사람이) 잘못된 문제에 정확한 답precise answers to the wrong questions을 찾기 위해 애쓰고 있다"라는 말이 있습니다. 연구자들이 '정확한 문제'를 정하지 못해서, '잘못된 문제'를 풀려고 헛수고를 하고 있다는 말이겠지요. 심지어 없는 문제를 만들어내기까지 해서 열심히 연구하는 예도 종종 봅니다. 그렇지만 실제 문제가 아니라면 연구자의 노력도 헛수고일 뿐만 아니라 그 연구 결과를 믿고 따라서 연구하는 후배 연구자들을 잘못된 길로 이끄는 나쁜 결과를 가져올 수 있습니다.

　필자를 포함해 대부분의 연구자가 연구비를 확보하려면 프로젝트를 제안하여 연구비를 따내야 합니다. 프로젝트를 지원하는 기관에서는 모든 제안을 지원할 수는 없으니 연구자들이 제출한 프로젝트 제안서나 계획서를 심사하여 프로젝트를 선정합니다. 제안서란 '이런 연구를 하려고 하는데, 연구비를 지원해주시면 이런 결과를 내겠습니다'라고 작성한 문서입니다. 이 연구가 꼭 필요하다고 설득하는 거지요. 계획서는 어떤 문제를 어떤 방법으로 연구하겠다는 계획을 좀 더 상세하게 제시하는 문서이고요. 이 심사 과정에서 정말 필요한 연구이고 연구 계획이 타당하다고 인정받아야 연구비를 지원받을 수 있습니다. 그러니 '문제를 쓴다'는 단계는 어떤 문제를 왜 연구하는지 설명하여 연구의 필요성을 설득하는 단계라고도 할 수 있습니다. 연구자에게는 연구를 할 수 있는지 없는지를 결정하는 핵심 단계로 현실적으로 가장 중요한 단계라고 할 수 있습니다.

　이 단계에서 연구할 문제를 제대로 잘 쓰기 위해서는 어떻게 해야 할까요? 우선 이 문제가 '진짜' 문제인지 깊이 생각해야 합니다. 세상을 바꿀 만한 연구 결과를 내는 것이 연구자들의 꿈이지만 그러려면 진짜 심각한 문제를 연구해야 합니다. 의미 있는 문제를 찾아내고 구별해내는 능력은 좋은 연구자가 되는 데 무엇보다 핵심적입니다. 정말 중요한 문제를 어떻게 찾아낼 수 있을까요? 이 질문의 답은 3장에서 자세하게 설명할 테니 계속 읽어주세요.

이제 파인만 알고리즘의 두 번째 단계인 '열심히 생각한다'에 관해 이야기하겠습니다. 무엇을 열심히 생각한다는 이야기일까요? 문제의 답이 될 만한 것이 무엇인지, 무엇이 답이라고 할 수 있을지 가설을 열심히 생각한다는 말입니다.

열심히 생각하는 과정은 결국 연구 방법을 의미합니다. 그런데 열심히 생각만 하면 연구가 잘될지 막막하네요. 열심히 생각하는 방법 말고 해결책을 찾을 수 있는 다른 좋은 방법은 없을까요? 답을 알 만한 사람에게 물어보는 것도 나쁜 방법은 아니지만, 스스로 연구해야 성장할 수 있다는 면에서 보면 좋은 방법은 아니겠네요.

열심히 생각하는 것으로 충분할까

열심히 생각하는 것은 실제로 얼마나 효과적인 연구 방법인 걸까요? 파인만은 이론물리학 연구자라서 열심히 생각해서 답을 얻을 수 있었던 것은 아닐까요? 실험물리학자였다면 생각만으로 답을 얻을 수 없었겠지요. 실험 연구에선 열심히 생각하는 것만 가지고 좋은 연구 결과를 내는 것은 불가능합니다.

파인만 알고리즘의 '열심히 생각한다'는 단계가 일반적인 연구 과정의 어느 단계와 연관되는지 살펴보겠습니다. 앞에서 필자가 쓴 12단계 연구 과정을 다시 살펴보면, 문제(질문)와 답(결론) 사이에 다음의 3단계가 있습니다.

⑤ 연구 질문의 답이 될 가설을 세우고, 그 가설의 이론적 이유를 깊이 생각한다.

⑥ 가설을 입증하기 위해 필요한 근거(실험 결과)를 얻을 만한 실험을 계획하고 수행한다.

⑦ 실험 결과가 가설을 입증하지 못할 경우 가설을 수정해서 새로운 가설을 만든다.

파인만 알고리즘의 2단계는 가설을 세우고 그 가설이 맞는다는 것을 실험으로 입증하는 단계에 해당합니다. 가설이 맞는다는 것을 가장 확실하게 입증하는 방법은 실험해서 결과를 제시하는 것입니다. 이렇듯 실험은 연구의 중심인만큼 시간과 노력이 많이 드는 과정입니다.

열심히 '이유'를 생각한다

그렇다면 무엇을 열심히 생각해야 할까요? 연구를 잘하기 위해서는 연구 가설을 세울 때부터 가설이 맞는 이론적인 '이유'를 열심히 생각해야 합니다. 필자가 제시한 연구 단계 중 5단계에서는 '가설을 세우고, 그 가설의 이론적 이유를 깊이 생각한다'는 이유가 추가되어 있습니다. 가설을 세울 때 그 이론적인 이유를 미리 생각해서 어떤 실험을 하는 것이 좋은지, 어떤 실험 조건을 변수로 삼아야 하는지 등을 결정해두면 실험 실패를 크게 줄일 수 있습니다.

실험 실패는 연구하는 내내 경험하는 일이기는 합니다만, 늘 상심하게 됩니다. 하지만 실패한 실험도 매우 의미가 큽니다. 실패한 실험에서 중요한 일은 '이유'를 찾아내는 것입니다. 그러나 예상과 다른 결과가 나왔다고, 실패한 원인도 모른 채 이것저것 바꾸어 비슷한 실험만 자꾸 반복하면 빠져나오기 힘든 막다른 골목으로 가는 것이나 마찬가지입니다. 여기서 물리학자 아인슈타인이 했다는 명언을 소개합니다.

"똑같은 일을 반복하면서 다른 결과가 나오기를 기대하는 것은 미친 짓이다."

이 상황에 딱 맞는 말이죠?

STEP 3 답을 쓴다

어떤 답을 쓸 것인가

마지막 단계인 '답을 쓴다'는 연구의 결과를 말하는 거지요. 열심히 연구하는 이유가 좋은 결과를 얻기 위한 것이므로, 좋은 답을 제대로 쓰는 이 단계가 무엇보다 중요합니다. 그러면 좋은 결과란 어떤 것일까요? 새로운 지식을 주는 결과, 또는 사회에 미치는 파급효과가 큰 결과?

좋은 답을 제대로 쓰려면 우선 문제가 요구하는 답이 어떤 유형인지 명확히 파악해야 합니다.

예를 들면 문제를 해결하기 위한 기술을 개발하는 연구라면 해결책이 되는 기술이 답일 것입니다. 하지만 문제를 제대로 해결하는 기술을 만들기 위해서는, 그 문제의 핵심 원인을 찾는 것이 필수입니다. 따라서 문제를 일으키는 핵심 원인이 되는 현상, 즉 자연현상을 이해하기 위한 연구가 필요합니다. 현상을 이해하기 위한 연구는 현상에 대한 질문의 답을 찾는 과학 연구입니다.

파스퇴르의 미생물 연구도 포도주가 식초로 변하는 문제를 해결하기 위해 왜 식초로 변하는지 질문의 답인 미생물 발생 현상을 연구한 것이지요.

여기서 독자들에게는 다소 혼란스러울 수 있는 '문제'와 '질문'이라는 용어가 등장합니다. 이 둘은 비슷한 듯하지만 다릅니다. 연구 문제는 연구해서 해결해야 하는 문제를 말하는 것이고, 질문은 그 문제의 원인이 무엇이고, 왜, 어떻게 일어나는지 의문을 가지는 것을 말합니다. 따라서 연구 대상은 문제와 질문이라는 두 종류가 있습니다. 문제는 해결책을 찾아야 하고 질문은 답을 찾아야 한다는 말입니다.

파인만 알고리즘의 1단계에서 언급된 '문제'란 문제일까요, 질문일까요? 또 파인만 알고리즘의 3단계에서 '답'은 답일까요, 해결책일까요?

답을 잘 쓰려면

문제인가, 질문인가에 따라 써야 하는 답의 유형이 달라지기 때문에 문제와 질문을 명확히 해야 합니다. 그런데 문제의 해결책을 찾기 위해서는 핵심 원인에 대한 질문을 잘 쓰고, 그 질문에 관한 답을 잘 찾아야 합니다.

여기서 문제의 유형을 구체적으로 살펴봅시다.

필자의 연구 주제 중 하나는 저온에서 반응을 촉진하는 촉매 기술 연구입니다. 기술 연구는 문제의 해결책을 만들어내는, 즉 기술을 개발development하는 연구입니다. 기존 기술보다 더 낮은 온도에서 화학반응이 일어나게끔 하는 문제를 해결하기 위해, 낮은 온도에서 반응 활성이 높은 촉매를 개발하는 연구입니다. 그런데 낮은 온도에서 반응 활성을 높이려면 촉매라는 어떤 물질의 표면에서 어떤 화학반응(현상)이 일어나는지, 온도가 낮으면 왜, 어떤 이유로 반응이 잘 안 일어나는지(질문) 현상을 이해하고 답을 찾아야 합니다. 이런 질문에 답을 찾는 연구가 자연현상을 이해하는 과학 연구이며, 이런 연구에서는 주로 질문을 합니다.

이렇듯 과학 연구와 기술 연구는 연구의 목적과 목표가 다르기 때문에 질문과 문제, 답과 해결책으로 유형이 다릅니다.

사람들이 과학을 신뢰하는 이유는

독자 여러분들은 과학 또는 과학자를 어느 정도 신뢰하나요? 세계 각국의 국민을 대상으로 직업별 신뢰도를 조사한 결과, 가장 신뢰받는 직업이 과학자라고 합니다. 시장 조사 기업인 영국의 입소스 Ipsos가 조사한 바에 따르면 한국, 미국 등 23개 조사 대상 국가에서 평균 60퍼센트의 사람들이 과학자가 가장 신뢰할 수 있는 직업이라고 답했다고 합니다(하지만 우리나라에서는 그 비율이 42퍼센트이고, 조사한 23개 국가 중 22위였습니다).

왜 사람들은 과학과 과학자를 이토록 신뢰하는 걸까요? 과학을 믿는 이유는 과학적 내용 자체보다도 과학 연구 결과의 정확성과 연구 방법의 객관성을 신뢰하기 때문입니다. 과학의 객관성은 실험의 재현 가능성에서 비롯됩니다. 우주 어느 곳에서나 동일한 자연법칙이 적용된다고 가정하고, 같은 조건이라면 어디에서, 언제, 누가 실험을 하더라도 실험 결과 역시 같다고 전제합니다. 같은 실험을 했는데 동일한 결과가 나오지 않으면, 오히려 원래의 실험 결과가 조작되었다고 의심받을 정도입니다. 실험 결과가 조작된 사실이 밝혀지면 그 과학자는 학계에서 완전히 퇴출당합니다. 우리나라에서 줄기세포 연구를 조작한 황우석 박사나 일본 이화학연구소에서 만능세포 연구를 조작한 오보카타 하루카 등 유명한 사례가 많습니다.

객관적인 방법으로 연구한 결과를 담아 학술지에 싣는 연구 논문은 동료평가peer review라는 상호 검증을 통과해야 합니다. 그 분야의 연구자들이 하는 동료평가를 통과했다는 것은 이 논문의 결론(가설)이 실험 결과로 입증되었음을 인정한다는 의미입니다. 동료평가에서 동료 연구자들은 그 논문의 연구 과정, 즉 수행한 실험이 가설 입증에 적합하게 설계되었고 적절하게 수행되어 결과의 분석이 적절한지를 전문가로서 검토하고, 논문의 가설을 지지하는 정확한 결과라고 확인해줍니다.

과학자들이 하는 이야기도 언제나, 모두 믿을 수는 없습니다. 하지만 과학자들이 어떤 주장을 할 때는 적어도 그 주장이 사실인지를 검증할 방법을 논문에 상세하게 설명합니다. 과학 연구를 믿는 이유는 그 결과가 정확하기 때문이 아니라 정확한지 아닌지 확인할 수 있기 때문입니다.

필자가 뛰어난 연구자들을 만나보고 느낀 공통점이 있습니다. 그들은 열심히 연구만 많이 하는 게 아니라, 문제를 꼭 풀어야 하는 이유를 설득력 있게 잘 제시하고 그 문제를 해결하기 위해 체계적으로 계획을 세운다는 점이 인상적이었습니다. 그리고 연구에 집중해서 답을 찾아내고 그 문제와 답을 잘 설명하였습니다. 이런 능력은 연구 훈련을 통해서 기를 수 있습니다.

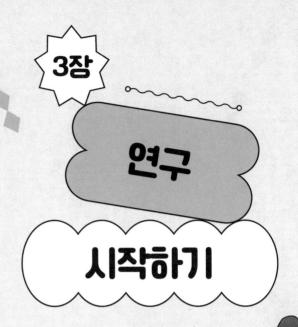

3장

연구

시작하기

이번 장의 제목은 '연구 시작하기'입니다. 연구할 때 연구 주제부터 정하고 시작하는 것만은 아니지만, 주제가 확정되면 연구를 진행하기가 쉽습니다. 앞서 설명했던 파인만 알고리즘에서 문제를 쓰는 첫 단계가 연구 주제를 정하는 것입니다. 꼭 주제를 먼저 결정해야 연구할 수 있는 건 아니지만, 이 장에서는 연구 대상을 찾고 주제를 결정하는 방법을 설명해보려 합니다.

연구를 시작할 때 가장 큰 고민은 무엇이 좋은 연구 주제인지, 좋은 문제를 어떻게 찾아내는지 하는 것입니다. 주제가 좋아야 좋은 결과를 낼 수 있기 때문입니다. 좋은 문제를 찾아내는 훈련은 좋은 과학자가 되기 위해서는 필수입니다.

연구는 어디에서부터 시작될까

대개 대학원에 진학한 후에야 본격적으로 연구를 시작합니다. 연구에 대해서 그다지 배운 것이 없는 대학원 신입생들이 어떤 연구를 할지 스스로 결정하기는 당연히 어렵겠지요. 그 분야에 대해 몇 년은 연구한 후에야 어떤 주제가 중요한지, 좋은 연구 결과를 낼 만한 주제인지 겨우 구별하게 되니까요.

필자가 대학원에 입학했을 때도 첫 연구 주제는 당연히 직접 정하지 못했습니다. 선배가 연구하던 주제를 이어받았거든요. 그렇다면 그 연구 주제는 그 선배가 결정한 것일까요? 그 선배가 왜 이 주제를 연구하고 있는지 설명해주기는 했지만, 선배도 그 분야를 아주 잘 이해한 것 같지는 않았습니다. 아마도 지도교수님이 주제를 정해주신게 아닐까요? 선배도 필자도 왜 그 주제를 연구하는지 잘 몰랐습니다. 다만 교수님께 좋은 결과를 보여드리고 싶어서 이런저런 방법을 찾느라 애썼던 기억이 있습니다.

이처럼 대학원에서 처음 연구를 시작할 때 지도교수(또는 연구실 책임박사)가 정해준 대로 연구하는 것이 일반적입니다. 대개는 연구실에서 수행 중인 프로젝트나 이제까지 해온 연구 주제의 일부분입니다.

필자의 강의를 수강한 학생 중에는 지도교수가 연구 주제를 정해주지 않아서 너무 어렵다는 학생들도 있었습니다. 하지만 연구 주제를 정하는 법을 배울 기회라는 점에서 오히려 행운이라고 생각합니다. 물론 그렇다고 해도 연구실 선배들과 비슷하거나 크게 벗어나지 않는 범위의 주제를 선택해서 안전한 길을 가는 경우가 대부분이지만요.

초보 연구자의 연구 시작

초보 연구자는 지도교수가 정해준 논문의 주제를 가지고 연구를 시작합니다. 이렇게 주제가 주어지면 어떻게 실험을 해야 좋은 결과가 나올지, 실험 결과를 어떻게 해석해야 할지 고민하는 것이지요.

그렇다면 이 시기에는 무엇에 중점을 두는 것이 바람직할까요? 연구하는 법을 훈련하는 단계이므로, 아이디어를 어떻게 실험으로 구현할지 고민해야 합니다. 연구에 필요한 실험 장치와 계측 도구를 다루는 방법, 실험을 계획하고 수행하는 방법, 실험 결과를 표나 그래프로 정리하고 설명하는 방법을 배우지요. 한편, 결론을 내리려면 어떤 데이터가 필요한지 등도 알게 됩니다.

실험이 마무리되고 결과를 논문으로 작성할 때 학생들은 실험 결과를 정리하고 그래프를 그리는 등 보조적인 역할을 하는 데 그치지만, 교수나 박사 과정 상급자가 논문을 쓰는 작업을 처음부터 끝까지 도우며 어깨너머로 지켜보는 것은 좋은 훈련이 됩니다. 드물기는 하지만 직접 논문을 쓰거나 힘을 보탤 기회가 주어진다면 가장 좋은 훈련이겠지요. 그런 기회는 놓치지 말고 적극적으로 참여하는 것이 좋겠습니다.

학생들은 언제 직접 주제를 골라 연구하는 것이 좋을까요? 박사 과정 2~3년차가 되면 그동안 연구한 결과가 조금씩 쌓입니다. 그러면서 연구에 대해 조금씩 감을 잡게 됩니다. 스스로 고른 연구 주제를 연구하고 싶다는 욕심이 생기겠지만, 좋은 연구 주제를 찾기는 쉽지 않습니다. 어떤 문제를 연구해야 할지 탐색하고 결정하는 과정에서 많은 시행착오를 겪기도 합니다. 그런 과정을 거치며 점점 방향을 잡고 방법을 깨우치게 되지요.

질문으로 시작하기

주제부터 먼저 정하고 연구를 시작한다고 생각하기 쉽지만, 연구가 시작되는 시점은 연구에 따라 다릅니다. 우연히 어떤 현상을 관찰한 후 의문점이 떠올라 연구를 시작하기도 하고, 다른 사람의 논문을 읽다가 궁금해져서 문득 연구에 접어드는 경우도 있습니다. 또 실험 데이터나 결과를 분석하는 과정에서 문제를 발견하거나, 실험 데이터를 설명하는 과정에 의문이 생겨서 등 연구를 시작하는 시점은 천차만별입니다.

예를 들어 어떤 과학자가 연구를 시작한 과정을 다음과 같이 설명했습니다.

"그때 그 상황에서 ○○현상을 관찰하기 전까지는 그런 현상이 일어나는지조차 몰랐습니다. 그래서 그 현상에 대해 논문을 검색했더니, 그 현상이 일어나는 이유를 YY라고 설명하더군요. 하지만 그 현상을 YY 때문에 일어난다고 하는 설명은 이해가 되지 않았습니다. 그래서 저는 또 다른 이유인 ZZ가 있다고 가설을 세우고 그 가설을 실험으로 입증하기로 했습니다."

이 과학자는 예상하지 못한 현상을 발견하고는 왜 이 현상이 일어나는지 의문을 느꼈고, 관련 논문을 검색하기 시작했습니다. 이때 '왜'라는 의문을 인과적 질문 causal question 이라고 하는데, 현상에 대한 서술적 질문과 다릅니다. '○○현상이 일어나는 이유'라는 인과적 질문의 답을 'YY가 아니라 ZZ다'라고 생각한 것은 가설을 세운 것이죠. 결국 이 과학자는 실험으로 그 가설을 입증하기 위해 연구를 시작한 셈입니다.

배경과 현황 파악을 위한 자료 조사

어떤 현상을 관찰한 과학자가 그 현상이 일어나는 이유가 궁금해서 관련 논문을 검색하면서 연구가 시작되었다고 했는데, 이처럼 연구를 시작할 때 "논문과 자료를 많이 수집하여 읽고 정리하라"라는 조언을 많이 합니다. 모든 연구는 '연구 현황 파악에서 시작된다'고도 합니다.

자신이 할 연구 주제와 분야에 대한 연구 현황 파악은 연구를 시작하기 전의 선행 과정입니다. 자료 조사 literature review라고 하는데, 각 분야의 최신 리뷰 논문 review paper을 찾아서 읽어보면 연구 현황을 파악하는 데 효과적입니다. 리뷰 논문이란 "어떤 분야의 대가가 저널의 초청을 받아 해당 분야의 연구 현황과 전망을 기술한 논문"이라서 그 주제의 연구 현황을 대략 파악하기가 좋습니다. 특히 잘 정리된 참고문헌reference 목록이 붙어 있어서 관련된 논문 중에서도 관심 있는 내용을 찾기가 수월해집니다. 논문은 학술 저널 홈페이지나 논문 검색 엔진, 구글 스칼러scholar.google.com 등에서 찾을 수 있습니다.

리뷰 논문을 읽은 후에는 참고문헌을 통해 수집한 자료와 논문을 읽고 내용을 정리합니다. 되도록 많은 논문을 읽고 체계적으로 정리하다 보면 손대지 않은 연구 주제나 결과가 밝혀지지 않은 문제를 찾아낼 수 있습니다.

하지만 읽어야 하는 논문이 너무나 많고 매일같이 새로운 논문이 쏟아져 나오므로, 자료를 효과적으로 정리할 필요가 있습니다. 우선 제목을 보고 관심이 가는 주제의 논문을 고릅니다. 그리고 논문의 초록abstract을 읽습니다. 초록은 논문의 주제와 연구 목적, 내용을 영어로 300단어 정도로 간략하게 작성한 요약문입니다. 그러므로 논문 초록만 읽어도 연구자가 어떤 주제를 연구했는지, 무엇을 주장하는지, 어떤 방법으로 입증하였는지, 자신이 궁금해하는 주제와 직접 관련이 있는지 한눈에 알 수 있습니다.

초록을 읽어서 관심 분야의 논문을 어느 정도 추려냈다면, 논문의 결론을 살펴봅니다. 그리고 서론에서 논문의 연구 동기와 방향을 파악해서 자신의 연구 방향과 관련이 있고 꼼꼼히 읽을 필요가 있다고 판단하면 본문을 정독하면서 내용을 정리합니다.

논문은 몇 편을, 얼마나 자세히 읽어야 할까요? 사실 많이 읽을 수록 좋겠지만, 연구 주제에 관한 지식 지도knowledge map를 그릴 수 있을 만큼 읽으면 됩니다. 지식 지도란 연구하려는 주제가 어디서부터 시작되었는지, 어떤 연구를 통해 전환점을 맞이하였고, 최근 어떤 연구가 진행되고 있는지, 아직 불충분한 연구 분야는 무엇인지 정리하는 것입니다. 그 분야field의 전체적인 풍경이 보일 정도로 중요한 논문은 되도록 전부 읽고 소화해야 가능한 작업입니다.

그런데 초보 연구자 중에서는 '자료를 이렇게 많이 수집했으니, 이제 잘 정리하여 결론을 내릴 수 있겠다'고 착각하는 경우가 있습니다. 자료 조사를 많이 했더라도 잘 소화했다고 보기 어렵고, 자료 조사를 통해서 어떤 결론을 내렸더라도 다른 사람들이 연구한 결과를 요약한 것에 지나지 않습니다. 리뷰 논문이라도 쓰지 않는 이상, 제대로 가치를 인정받기도 어렵습니다.

한편 내용을 잘 정리한 자료라도 조사한 결과를 그대로 믿어서는 안 됩니다. 연구 결과와 과정에 대해 '어떻게'와 '왜'라는 질문을 끊임없이 던지고 의심해야 합니다. 그리고 의문스러운 부분에 대해 답을 찾으려 노력해야 합니다.

이미 나올 만한 결과나 결론은 다 나왔으니 이제 더 연구할 주제가 없다고 지레 포기해서는 안 됩니다. 이제는 완전히 새로운 분야는 없고 어느 분야든 연구가 많이 진행된 것처럼 보이지만, 남은 문제가 없는 것은 아닙니다. 그중에서도 의미 있는 문제를 찾아낼 수 있습니다. 그런 주제를 찾아내는 것이 바로 연구자의 역량입니다.

연구 주제를 선택하는 몇 가지 기준

연구 주제는 연구 방향을 정하고 그에 따라 데이터를 모으는 가이드 역할을 합니다. 무엇보다 주제를 선택할 때는 시간을 투자해서 연구할 만한 가치가 있는지 생각해야 합니다. 중요하지 않은 연구에 시간을 낭비하면 안 되니까요. 스스로 연구하고 싶은 주제여야 하지만, 객관적으로 인정받을 만한 연구 주제라야 의미 있지 않을까요?

의미 있는 연구인가

연구 주제를 선택하는 첫 번째 기준은 의미 있는 연구인가 하는 것입니다. 지금까지 풀지 못했던 문제를 해결하고 과학이 한 단계 발전하는 데 이바지할 만한 중요한 연구 주제를 택해야 한다고 할 수도 있겠지만, 다른 연구자에게 동기를 부여하고 또 다른 연구의 발판이 되는 연구도 필요하고 중요하며 의미가 있습니다.

1860년에 파스퇴르가 했던 연구를 통해 주제의 중요성을 평가하는 과정을 살펴보려 합니다. 그는 백조목 플라스크라는 실험 장치를 고안했는데, 플라스크에서 끓여서 미생물을 없앤 영양액(설탕물 효모액)에, 가열한 백금관을 통과시켜서 미생물을 제거한 공기를 주입했습니다. 그리고 플라스크를 밀봉한 후 공기는 통과시키되 먼지는 차단했지요.

이 연구는 다음과 같은 주제와 방향으로 진행되었습니다.

① 이 연구는 어떤 연구인가?

⇒ 백조목 플라스크 실험은 플라스크의 영양액에서 미생물이 자연 발생하는지 밝히는 실험이다.

② 이 연구를 하는 이유는?

⇒ 미생물 발생을 결정하는 요인을 밝혀내서 이를 조절하는 방법을 찾으려는 것이다.

③ 이 연구가 가지는 의미는?

⇒ 미생물 발생 요인을 조절하면 식품의 부패를 막을 수 있다.

이렇게 연구의 목적과 이유, 의미를 적어보면 객관적으로 의미 있는 연구 주제인지 평가하기 쉽습니다. ① 이 연구가 어떤 연구인지 설명하고 ② 이 연구를 하는 이유와 ③ 이 연구가 가지는 의미를 명확하게 정리하여 연구 주제가 의미 있는지 평가하는 것입니다. 특히 연구가 가지는 의미를 묻는 세 번째 질문이 가치 판단의 기준이 됩니다. 파스퇴르는 이 실험을 통해 그동안 해결하기 어려웠던 와인의 변질을 막을 수 있었고, 부수적으로 미생물 발생의 원리를 밝혀냈으므로 큰 의미가 있는 연구 주제입니다.

물론 연구자라면 좋은 연구 결과를 내는 것이 가장 중요하지만, 연구 결과를 바탕으로 현상을 새롭게 설명하거나 새로운 기술을 개발할 수 있다면 더욱 의미 있는 연구입니다.

덧붙이자면 학생이 하는 연구는 연구를 통해 전문가로 성장하게 한다는 중요한 의미가 있습니다. 학생은 연구에 참여하면서 연구하는 법을 배우고 익힐 뿐 아니라, 전문가가 될 연구 주제를 찾는 연습을 하게 됩니다.

요즘은 다양성이 큰 사회인 만큼, 어떤 주제든 깊이 있게 오랫동안 연구하면 전문가가 된다고 주장하는 사람도 있습니다. 하지만 무작정 깊이 있게 연구한다고 해서 전문가가 되는 건 아닙니다. 연구를 통해 지식을 축적하고, 축적된 지식을 바탕으로 새로운 현상을 설명하거나 예측하고, 상황에 따라 빠르고 정확하게 판단하는 연구자야말로 전문가라고 할 수 있습니다. 병을 치료하는 의사든, 법정에서 소송을 담당하는 변호사든, 현상을 해석하는 과학자든, 기술과 제품을 개발하는 엔지니어든 간에, 의미 있는 연구 주제를 전문성 있게 연구해야 전문가라고 할 수 있지요. 따라서 좋은 결과를 내는 동시에 연구를 통해 연구자가 전문가로 성장할 수 있는 연구 주제를 선택해야 할 것입니다.

연구를 시작할 때 연구 주제의 중요성과 의미를 평가하는 것은 중요합니다. 그렇지만 연구하다 보면 새로운 내용을 발견하기도 하고 주어진 상황이 바뀌기도 합니다. 연구하는 중에도 현재 어디까지 연구가 나아가고 있는지, 앞으로 해야 할 일이 무엇인지 점검하는 등 지금 하는 연구의 의미를 주기적으로 재평가하는 일도 중요합니다.

할 수 있는 연구인가

두 번째 기준은 '할 수 있는doable' 연구 주제인가 하는 것입니다. 초보 연구자가 가장 흔하게 저지르는 실수는 너무 큰 주제를 고르려는 것입니다. 얼마나 시간이 걸릴지는 생각하지도 않거나, 결론이 나지 않을 법한 어려운 주제를 잡기도 합니다.

예를 들어 기존 기술을 뒤엎을 만한 완전히 새로운 기술을 개발하겠다고 하면 얼마나 시간이 걸릴까요? 박사 과정만 줄창 하려는 생각이 아니라면, 길어도 3~4년 내에 연구를 마무리할 수 있을 법한 주제를 골라야 합니다.

할 수 있는 연구 주제는 어떻게 선택할 수 있을까요? 지도교수뿐 아니라 자신도 연구하고 싶은 연구 주제 중에서, 주어진 시간과 상황 안에서 연구를 마무리할 수 있을 법한 연구 문제를 찾아야 합니다.

너무 쉬운 주제도 안 되고, 반년 정도면 실험을 끝낼 만한 연구라면 대학원생에게 적당한 듯합니다. 어떤 주제가 주어진 기간 내에 답을 얻을 수 있는지를 판단하려면 경험이 필요하므로, 지도교수에게 조언을 구하는 것이 좋겠습니다.

연구 범위 좁히기

연구할 수 있는 주제를 찾으려면 연구의 범위를 좁혀야 합니다. 범위를 좁히려면 수식어를 더하거나 내용을 구체화하면 됩니다. 예를 들어 파스퇴르의 연구 주제가 처음에 '생물의 발생 기원 연구'였다고 합시다. 이렇게 포괄적인 연구 범위를 좁히려면 대상으로 하는 생물, 실험 범위, 실험 조건을 구체화합니다. 생물 또는 미생물이라는 광범위한 대상 중에 효모라는 구체적인 대상으로 범위를 좁히고, 번식에 영향을 미치는 실험 요소를 '공기 중의 먼지의 영향'으로 제한하면 내용이 구체화됩니다. 그러면 포괄적이던 주제가 '영양액 중 효모의 번식에 미치는 공기 중 먼지의 영향'으로 좁혀지겠지요. 수식어를 추가하고 조건을 구체화하면 연구의 범위가 좁혀집니다.

그렇다고 해서 연구 범위를 지나치게 좁히면 그 주제에 관련되는 논문이나 자료를 많이 구할 수 없습니다. 너무 구체적이고 좁은 범위여도 질문을 정하기 어렵습니다. 처음에는 조금 넓은 범위에 걸쳐 관련 연구를 충분히 조사하고 연구 동향을 파악한 다음, 단계적으로 주제를 좁히면 좋은 주제를 찾아낼 수 있을 겁니다.

연구를 시작할 때는 전체적인 동향과 방향에 대해 어느 정도 청사진을 가지고 있어야 좋은 결과를 낼 수 있습니다. 연구 주제를 정하더라도 무작정 연구를 시작하기보다는 시간을 들여서 예비 실험을 통해 좋은 결과가 나올지 확인하는 것도 현명한 방법입니다.

문제와 질문

주어진 시간과 상황 내에서 할 수 있는 의미 있는 주제를 정했다면, 이제는 문제를 써봐야 합니다. 즉 어떤 문제를 연구할지 도출하는 것이지요. 이 과정을 거쳐야 연구에서 다룰 구체적인 문제를 결정할 수 있습니다. 그런데 '왜'라는 인과적 질문으로 연구를 시작했다는 과학자의 이야기처럼, 여기서 정해야 하는 것이 문제인지, 아니면 질문인지 헷갈립니다.

문제인가, 질문인가

파인만 알고리즘에서는 연구의 3단계를 '문제를 쓴다⇒생각한다⇒답을 쓴다'라고 했습니다. 여기서 '문제를 쓴다'고 할 때 문제란 무엇일까요? 흔히 학교에서 치르는 기말고사 시험 문제는 exam questions라고 하고 그에 대한 답은 answers라고 하지요. 즉 question의 대응항은 answer입니다. 문제problem의 짝은 solution이고 해법, 해결책이라고 번역합니다. 즉 문제에 대한 해답은 solution인 거죠.

파인만 알고리즘에서는 '답answers을 쓴다'고 하니, '문제'는 질문question이라고 하는 편이 맞겠습니다.

한편 현장에서는 문제와 질문을 엄밀하게 나누지 않고 혼용해서 씁니다. 용어는 그다지 중요한 문제는 아닐 수 있습니다. 기술 개발, 공학 연구는 문제에 대한 해결책을 찾는 것이고, 자연현상을 이해하기 위한 과학 연구는 질문에 대한 답을 찾는다고 보아야 합니다. 이렇듯 문제와 질문, 해결책과 답을 구분할 필요가 있습니다.

연구 문제와 연구 질문

이렇듯 실제 문제, 연구 문제research problem, 연구 질문research question으로 용어를 구분하는 이유가 있습니다. 78쪽의 그림은 실제 문제, 연구 문제, 질문의 관계를 보여줍니다. 이를 순환 연구 프로세스라고 합니다. 이에 따르면 실제 문제practical problem를 해결하려는 동기motivates에서 연구 문제research problem를 찾고, 연구 문제에 의해 연구 질문research question이 정의define되는 것입니다. 연구를 통해 연구의 답변research answer을 찾으면 문제의 해결책solution을 세울 수 있고, 해결책을 통해 실제 문제를 해결할 수 있다는 것이 순환 연구 프

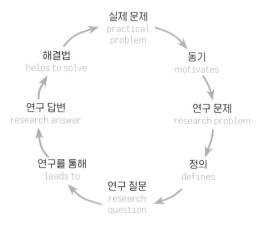

순환 연구 프로세스

로세스 개념입니다.

다시 파스퇴르의 연구를 살펴볼까요? 그가 이 연구를 하게 된 동기는 연구실로 찾아온 한 양조업자가 호소한 실제 문제였습니다. 포도주가 식초처럼 변해서 팔 수 없게 됐는데, 그 원인을 밝혀달라고 한 것입니다. 순환 연구 프로세스에 대입해보면 실제 문제는 '포도주가 변질되는 것'이고, 연구 문제는 '포도주의 변질 문제를 해결하는 것'입니다. 포도주가 변질되지 않도록 막는 근본적인 해결책을 찾으려면 '포도주가 왜 변질되는가?'라는 질문에 먼저 답해야 합니다. 따라서 답이 될 만한 가설(포도주 속의 미생물이 번식하여 변질된다)을 세우고, 그 가설이 맞는 것을 입증하는 목표를 세우는 것입니다.

필자는 수업 시간에 학생들에게 각자 연구 문제를 분석하여 연구 질문을 도출하는 과정을 연습하도록 지도합니다. 그렇게 문제와 질문을 구분하면서 연구 범위를 좁혀 인과적 질문을 만드는 연습을 하다 보면, 의미 있는 주제를 찾아낼 수 있습니다.

5

가설 수립

어떤 현상을 관찰한 과학자가 "왜 이 현상이 일어날까?"라는 질문으로부터 연구를 시작한다고 할 때, 어떤 것이 그 질문의 답이 될지 예상하거나 유추할 것입니다. 이는 연구 방향을 정하는 데 매우 중요합니다. 그 질문에 대해 예상한 답이 바로 가설입니다. 가설을 세우고 이를 증명하기 위한 실험 계획을 세우면서 연구는 체계적으로 틀이 잡힙니다. 게다가 가설을 세우면 연구에 필요한 정보 수집에 집중하게 됩니다.

논문을 조사해서 이제까지 알려진 설명으로 연구하려는 현상이 충분히 설명되지 않는다면 나름의 가설을 세워야겠지요. 파스퇴르의 연구를 예로 들어봅시다. "백조목 플라스크 실험 장치를 이용하여 미생물을 제거한 설탕물에 미생물을 제거한 공기를 주입한 후, 공기는 통과하되 먼지를 차단하면 영양액 중에 미생물이 발생하지 않으므로, 미생물 발생은 공기의 통과와는 무관하게 공기 중 먼지 속의 미생물 때문이다"라는 문장은 이 연구의 연구 주장research statement 또는 결론입니다. 그런데 이것이 실험으로 입증되기 전에는 연구 주장은 아직 가설에 지나지 않았습니다. 즉 파스퇴르는 '공기 속의 미생물이 영양액에 미생물을 발생시킨다'라는 가설을 세우고 실험을 통해 이를 입증한 것입니다.

이렇게 가설을 세우는 것이 연구 주제를 설정하는 마지막 순서이자 연구 설계의 첫 번째 단계입니다.

4장

연구

설계하기

　"어떻게 하면 연구를 잘할 수 있을까?" 하는 물음은 연구하는 내
내 필자가 계속 고민하는 숙제입니다. 연구를 잘한다는 것은 어떤 뜻
일까요? 좋은 연구 결과를 내는 것일까요? 꼭 그렇지만은 않습니다.
연구를 잘하는 데는 시간을 적절하게 사용했는지 여부도 중요합니다.
그러니까 너무 오래 고생하지 않고 좋은 결과를 내는 것, 두 가지 요
건을 동시에 충족해야 잘한 연구가 되는 것이지요.

　앞 장에서 좋은 연구 주제를 어떻게 결정하는지 설명했으니, 이
장에서는 연구를 잘하는 데 필요한 연구를 계획하는 방법, 즉 연구 설
계하기에 대해 이야기하겠습니다.

에디슨처럼 연구하기?

함께 연구하는 연구원과 이런 대화를 나누곤 합니다.

필자: 지금 하는 연구에서 어떤 실험을 하고 있지요?

연구원: 이런저런 실험을 이렇게 저렇게 하고 있습니다.

필자: A 물질에 대한 실험은 좋은 결과가 안 나왔나요?

연구원: 네, 그래서 B 물질로 실험해보려고 합니다.

필자: 에디슨처럼?

여기서 "에디슨처럼?"이란 말은 칭찬일까요?

에디슨은 유명한 발명가입니다. 필자가 어린 시절에 과학자를 꿈꾸었던 것도 에디슨 위인전을 읽고 크게 감명받았기 때문입니다. 에디슨은 전구, 축음기를 비롯해 1,000건이 넘게 발명한, 세상을 바꾼 발명가입니다. 과학자를 미래에 가지고 싶은 직업으로 꼽는 초등학생들이 존경하는 위인이기도 하고요.

그렇다면 "에디슨처럼?"이라고 필자가 물은 이유는 무엇일까요? 에디슨이 전구를 발명하는 과정에서 필라멘트를 만들기 위해 수많은 소재를 실험해보았다는 일화는 잘 알려져 있습니다. 그가 백열등 필라멘트를 연구할 때의 일입니다. 에디슨의 조수가 "필라멘트를 발명하려고 벌써 90가지 재료로 실험해보았지만 모두 실패했습니다. 필라멘트 발명은 불가능한 것 같은데요?"라고 묻자, 에디슨은 이렇게 답했다고 합니다.

"우리는 실패한 것이 아니고, 안 되는 재료가 무엇인지 90가지나 알아내는 아주 성공적인 실험을 한 것이다."

에디슨의 이 말은 "99퍼센트의 노력과 1퍼센트의 영감"이라는 그의 명언과 함께, 실패를 딛고 일어나 성공하는 데는 끊임없는 노력이 얼마나 중요한지 강조할 때 인용되곤 합니다. 에디슨 연구진은 머리카락, 무명실 등 적합해 보이는 모든 물질을 필라멘트의 소재로 실험했고, 어떤 기록에는 실패한 필라멘트 재료가 9,999가지나 된다고 할 정도입니다.

에디슨도 처음에는 다른 발명가처럼 백금을 필라멘트로 사용하려고 했습니다. 그러나 백금은 귀금속이라 값이 비싸서 결국 포기하고, 백금 대신에 다른 적당한 재료가 없는지 찾아 헤맨 거지요. 코코넛 털에서 종이까지, 필라멘트로 사용할 수 있는지 확인하기 위해 수없이 실험을 반복했다고 합니다. 1년에 걸쳐 상상할 수 있는 모든 종류의 재료를 실험한 끝에, 결국 탄화시킨 대나무 필라멘트가 수명이 길고 성능이 좋다는 것을 확인했지요. 그런 후에는 어느 지역의 대나무가 가장 좋은지 전 세계로 연구원들을 보냈고, 결국 일본 교토 지방의 대나무가 가장 적합하다는 것을 알아냈다고 합니다. 그리고 이곳에서 수입한 대나무를 얇게 깎아 탄화시켜 필라멘트 형태로 만들어서 전구를 상품화한 거죠. 이것이 바로 대나무 필라멘트로 600시간까지 수명을 늘린 백열전구를 생산하여 판매했다는 에디슨 사의 성공 스토리입니다.

에디슨이 전구를 발명한 일화를 살펴보면, 시행착오로 가득 찬 과정임을 알 수 있습니다. 말하자면 에디슨이 전구를 발명하는 과정이 시행착오적이라는 거지요. 초등학교를 중퇴해서 과학 지식에 밝지 못했던 에디슨이 전기 현상의 원리를 이해하지 못했기 때문이 아닐까 싶습니다. 그러니까 에디슨은 과학자라기보다는 경험주의적인 기술자 또는 새로운 발명을 사업화한 사업가라고 하는 것이 옳겠지요. 이처럼 기술이나 제품을 발명하려는 연구는 '되는 것 찾아내기'가 목표이므로, 시행착오를 거치며 진행되기 쉽다는 특징이 있긴 합니다.

에디슨의 연구는 골라낸 재료로 필라멘트를 만들어서 전류를 통하게 하는 실험이므로 시간이 오래 걸리지는 않았을 겁니다. 무작정 필라멘트에 전류를 통하게 하고는 적합하지 않은 물질은 버렸을 테고요. 어찌 보면 필라멘트에서 빛이 나는 원리를 잘 이해하지 못했기 때문에 무작정 실험했고 수없이 실패를 거듭한 거지요.

그런데 에디슨이 이를 실패로 여기지 않고 안 되는 재료가 무엇인지 90가지나 알아내는 데 성공했다고 생각했다면, 적어도 연구자들에게 실패의 책임을 물어 자르지는 않았겠지요. 그렇다고는 하지만 1년이나 연구에 몰두했는데도 기대하는 좋은 결과는 나오지 않고, 매번 몇 시간을 버티지 못하고 필라멘트가 끊어져버렸다니, 기껍지는 않았을 겁니다.

그러니까 앞에서 필자가 에디슨처럼 연구한다고 한 말은, 현상이 나타나는 원리를 이해하려고 하기보다는 이것저것 무작정 실험하면서 시행착오를 겪는 연구라는 점을 강조하는 것입니다. 에디슨만 시행착오 연구를 했던 것은 아니겠지만, 우리도 자칫 시행착오에 의한 경험주의 연구에 빠질 수도 있다고 경고하려는 의미입니다.

이렇게 에디슨처럼 시행착오 연구를 하고 있지는 않은가요? 연구는 본래 무엇을 하는지도 모르고 하는 것이기는 합니다. 게다가 실패는 과학자에게 피할 수 없는 숙명이지요. 하지만 좋은 결과가 나오지 않으면 누구든 연구자는 힘이 빠집니다. 시간이나 연구비가 충분하지 않다면 더욱 그렇지요. 그런 상황에서 과연 에디슨이 했던 것처럼 무턱대고 연구해도 될까요?

초보 연구자 시절에는 이런저런 실험을 하다 보면 혹시 좋은 결과가 나오지 않을까 싶어 시도해봅니다. 연구에서 거듭 실패하면서도, 실패한 이유가 무엇인지 깊이 생각해보는 대신에 아직 실패하지 않은 다른 재료나 방법을 써서 비슷한 실험을 해보는 거죠. 한낱 실오라기 같은 희망을 안고 말이죠. 물론 현상과 원리를 잘 알지 못하더라도, 무작정 연구하다가 우연히 성공하는 경우가 전혀 없지는 않지요. 그러나 사실 필자는 계획 없이 무작정 연구해서 좋은 결과가 나올 수 있다고 믿지 않습니다.

이해하면 피할 수 있다

연구 과정에서는 시행착오를 얼마나 줄일 수 있는지가 중요합니다.

에디슨은 아마도 '여러 필라멘트 재료에 전기를 통하게 하는 실험을 하다 보면, 언젠가는 수명이 오래가는 필라멘트 재료를 찾아낼 수 있지 않을까?'라는 추정을 세워놓고 시행착오를 반복한 것이겠지만, 이렇듯 필라멘트 재료를 바꿔서 끊어지는 것을 반복하는 실험은 본격적인 연구라기보다는 가설 수립을 위한 예비 실험의 수준입니다. 에디슨이 이런 실패로부터 수많은 재료가 안 되는 이유, 실패한 이유를 알아내는 데 집중했다면 어땠을까요? 여러 실험 재료에서 다양한 실패의 형태를 관찰할 수 있었을 것입니다.

그렇다면 필라멘트가 오래가지 못하고 끊어진 이유는 무엇이었을까요? 에디슨이 전구를 발명하기 전인 1802년 영국 왕립연구소에서 가는 금속선에 전류를 흘리는 실험을 했는데, 금속선이 빛을 내는 현상을 발견했다고 합니다. 그런데 금속선 필라멘트는 잠시 빛을 내다가 곧 끊어지고 말았습니다.

필라멘트에 전기를 통하면 빛이 나는 현상의 원리는 무엇일까요? 금속에 전기가 통하면 저항에 의해 가열되어 온도가 올라갑니다. 열이 나서 빛이 나려면 섭씨 1,000도 이상으로 표면 온도가 올라가야 하고, 전구로 사용할 수 있을 만큼 빛이 환해지려면 섭씨 1,500도는 넘어야 합니다. 이 온도가 되면 대부분의 금속은 녹고 맙니다.

연구 계획을 잘 세워서 안 되는 재료를 알아내는 데 머물지 않고 원리를 알아냈다면 실험하지 않고도 성공 가능성이 큰 종류를 골라낼 수 있었을 겁니다. 전류를 흘리자마자 끊어지거나, 잠시 밝은 빛을 내다가 끊어지거나, 다른 재료에 비해서는 조금 오래 견디는 등 실패의 결과를 잘 관찰하면 어떤 종류의 소재가 어떻게 실패하는지 차이를 알아낼 수 있습니다. 실패한 실험 결과에서 차이가 나는 이유를 추론하면 수천 개의 재료를 실험해서 안 되는 재료를 제외하는 식의 시행착오적 연구를 피할 수 있지 않았을까요?

물론 당시에는 전류와 저항, 전압 등의 상관관계가 잘 알려져 있지 않았으니 원리를 파악하기가 어려웠을 수도 있습니다. 하지만 '탄화된 필라멘트가 잘 녹지 않는다'는 현상을 이해하려 했다면 무작정

이것저것 실험할 필요는 없었을 겁니다. 어떤 재료가 더 우수한지 실험해서 관찰하고, 그 재료가 더 좋은 특성을 가지는 이유와 원리를 이해하려 노력하는 접근 방식이지요.

시행착오를 피하는 연구 설계

체계적으로 계획을 수립하면 시행착오를 줄일 수 있고, 좋은 연구 결과를 내는 데 큰 도움이 됩니다. 그뿐 아니라 연구 계획을 바탕으로 현재 연구가 어떤 단계에 있는지 파악하고, 앞으로 어떤 단계를 거쳐야 원하는 결과가 나올지 예상해볼 수도 있습니다.

연구 계획은 연구 설계research design라고도 합니다. 94쪽의 그림은 표준 연구 설계 모형인데, 이 모형에서 가설 수립에서 시작해 실험 선정, 실험 설계, 결과 예측까지가 연구 설계에 해당합니다. 그다음 실험 수행, 결과 해석을 거쳐 결론에 이르게 되고, 실험 선정에는 연구 방법 검색/결정과 예비 실험 등이 포함됩니다.

연구를 시작할 때 설계해서 연구를 진행하면 가장 좋겠지만, 연구 과정에 경험이 없다면 이런 요소 중 일부가 빠지기도 합니다. 그렇게 되면 실험 결과가 나와도 그 결과를 제대로 해석하기 어렵고, 결론에도 자신이 없겠지요. 따라서 연구 설계를 포함한 연구 과정을 체계적으로 배워야 할 뿐 아니라, 실전 연구에 익숙해지려면 연습과 훈련이 필요합니다.

가설 수립은 연구 설계 모형의 첫 번째 단계로 연구 설계의 시작입니다. 잘 수립된 가설을 바탕으로 제대로 연구를 설계하면 꼭 필요한 실험에 집중할 수 있으니 시행착오를 거듭하지 않을 수 있습니다. 그다음 실험 선정은 가설을 입증하기 위해 어떤 실험이 필요한지 정하는 것입니다. 하나의 실험만으로 결론에 도달할 수도 있지만, 대개는 확실한 결론을 내리기 위해 여러 가지 실험과 그에 따른 결과가 필요합니다.

파스퇴르의 실험을 예로 들어볼까요? 단순히 '미생물이 들어가

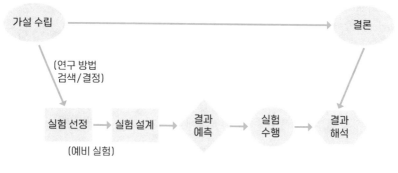

표준 연구 설계 모형

지 않게 했더니 미생물이 발생하지 않았다'는 실험 결과 하나만 가지고 '미생물은 자연발생되지 않는다'고 확대 해석할 수 없습니다. 공기가 들어가지 못해서 미생물이 발생하지 못한 것이라는 반론에 대비해서 공기가 들어가는 실험 결과도 있어야 하는 것입니다. 파스퇴르는, '외부 공기의 미생물이 플라스크 내 효모액에 들어가서 미생물이 번식한다'는 가설과 그것을 검증하는 실험, '미생물이 들어가지 않으면 미생물은 자연발생하지 않는다'는 것을 확인하는 반증 실험, 또 다른 유사한 경우에도 가설이 맞는지 확인하는 추가 실험까지 했습니다. 이렇게 어떤 실험을 할지 미리 정할 수 있으면 가장 좋습니다. 그러나 일반적으로는 한 가지 실험 결과를 확인한 후 추가로 어떤 실험을 할지 결정하는 경우가 대부분입니다.

94쪽 그림을 보면 실험 선정 전에 연구 방법 검색/결정 단계가 있습니다. 어떤 실험을 할지 정하기 전에 연구 방법을 검색/결정하는데, 이는 실험 설계와도 연관됩니다. 또한 연구 방법이 결정되어야 이 주제가 할 만한 연구인지도 알 수 있습니다. 한편 연구 방법을 찾아서 실험을 선정하고 예비 실험을 하면서 연구실이 가지고 있는 장치나 장비, 분석 방법 등과 연구자의 실험 수행 능력이 이 연구를 해내기에 충분한지 판단해야 합니다. 부족하다고 판단되면 실험 방법을 새롭게 찾거나, 연구를 중단하고 주제를 바꿔야 할 수도 있습니다.

다음 단계는 실험 설계입니다. 실험 설계 단계에서는 실험을 어떻게 할지, 특히 실험 장치와 방법을 구체적으로 정합니다. 비슷한 연구를 한 논문을 참고하여 방법을 결정하는데, 실험 방법이 표준화되어 잘 알려져 있거나 연구실에서 이미 비슷한 연구를 하고 있다면, 그 방법을 그대로 사용하는 편이 결과를 비교하기도 쉽고 좋습니다. 기존의 방법을 그대로 사용할 수 없어서 실험 방법을 새로 설계해야 한다면 쉽지 않은 과제입니다. 장치가 크거나 측정하고 계측해야 할 대상이 많을수록 실험 계획은 더 복잡해집니다. 그리고 실험 방법을 확정하기 전에, 이 실험으로 가설을 입증할 결과가 나올지 잘 살펴야 합니다.

예비 실험은 본격적인 실험을 시작하기 전에 개략적으로 결과를 확인하는 실험을 말합니다. 본격적으로 실험을 시작하면 실험 장치와 방법을 바꾸기가 어렵기 때문에 비교적 간단한 예비 실험을 통해 어떤 결과를 어느 정도로 얻을 수 있을지 예측해야 합니다. 또한 실험 조건과 변수를 결정하는 데도 예비 실험은 필요합니다. 따라서 어떤 실험을 할지 선정하고 나면 실험 계획을 세우고 예비 실험을 통해 방법을 결정합니다.

실험 설계의 마지막은 결과 예측입니다. 어떤 결과가 나올지 실험하기 전에 가설을 바탕으로 예측하는 것이지요. 실험이나 연구를 하고 나서 오랫동안 의미 없는 실험을 했다며 후회할 때가 있는데, 이런 시행착오를 줄이기 위해 실험 결과를 예측해봅니다. 결과를 예측해놓으면 실험하면서 나온 결과가 제대로 된 것인지 비교하고 결론을 내리기도 쉽지요.

물론 모든 연구가 이 연구 모형처럼 착착 진행되면 좋겠지만, 처음 세운 가설대로 결과가 나오는 경우는 흔하지 않습니다. 논리적으로 문제가 없는지 초기 가설을 검토하고 예비 실험을 통해 확인하면서 사실에 부합하는 그럴듯한 가설이 될 때까지 계속 수정해야 합니다. 본격적으로 실험을 하는 것은 그다음 일입니다. 계획을 세우는 중에도 결과를 얻기 위한 가설이 타당한지 계속 질문해야 합니다.

연구 과정에 중요하지 않은 단계는 하나도 없지만, 시행착오를 줄이는 체계적인 연구 계획 수립, 즉 연구 설계 단계는 특히 중요합니다. 연구 설계는 연구자의 경험과 노하우가 특히 중요하므로 선배와 지도교수의 도움이 많이 필요합니다.

4

'전구 발명' 연구 설계

그렇다면 전구를 발명하는 연구를 에디슨처럼 시행착오적으로 진행하지 않고, 연구 설계를 적용하여 잘 준비했더라면 어땠을지 살펴볼까요? 에디슨의 실패한 실험을 분석해서 어떻게 연구를 설계하면 좋았을지, 그러면 결과가 어떻게 나왔을지 예측해보는 거지요.

1870년대 에디슨연구소로 시간여행을 떠났다고 상상해봅시다. 전구 필라멘트를 개발하기 위한 연구에 참여하면서 시행착오도 잘 피해보려고 합니다. 미국 뉴저지의 멘로파크 에디슨연구소입니다. 우여곡절 끝에 이제 막 구성된 전구 개발팀에 참여하였습니다. 연구 설계 전에 자료를 조사하고 연구 문제를 잘 정해야 합니다. (3장 '연구 시작하기'를 참고하세요.)

왜 전구를 개발하려 하는가

에디슨연구소에서도 전구 개발에 착수하기 전에 19세기 가정 조명이 어떤 상황이었는지 조사했습니다. 1840년경에 석유가 개발된 후 등유 램프를 사용하게 되었는데, 값비싼 양초나 어두운 호롱불에 비해 획기적으로 편리했습니다. 그렇지만 사람들은 밤에 더 자유롭게 활동하고 싶은 욕구가 더욱 커졌고, 등유 램프보다 더 편하고 환한 조명을 원하게 되었습니다. 등유 램프로는 밤에 책을 읽기에 충분히 밝지 않았고, 바람에도 쉽게 꺼졌으며, 그을음이 생겼습니다. 게다가 연료를 계속 보충해야 하는 등의 단점은 당시에는 해결하기 어려웠습니다. 그래서 전기로 빛을 낼 수 있는 새로운 조명에 대한 아이디어가 나왔습니다.

이미 나온 전구 기술을 조사한다

전기제품 사업을 위해 멘로파크 연구소에서는 기존의 전구에 적용된 기술을 조사해서 분석했습니다.

1802년에 영국 왕립연구소에서 가는 금속선에 전류를 흘려 빛이 나오는 실험을 한 이래, 1840년대에는 이미 여러 가지 형태의 전구가 있었습니다. 1874년에는 캐나다의 우드워드와 에반스가 탄소 막대에 전류를 흘려 빛을 내는 전구에 대한 특허를 냈는데, 에디슨이 1879년에 받은 특허보다 5년이나 빠릅니다.

이렇듯 에디슨이 처음 전구를 발명한 것은 아니지만, 전구를 상업적으로 성공시켰습니다. 에디슨은 이런 선행 기술들을 참고해서 전구 개발에 착수했습니다.

문제는 필라멘트

조사한 결과, 기존의 전구는 필라멘트가 쉽게 끊어지고 수명이 짧다는 문제가 있었습니다. 그 문제를 해결하려고 필라멘트로 사용할 만한 수많은 재료를 실험했던 거지요. 여기까지가 연구 시작 단계입니다.

이제부터는 체계적으로 연구를 계획해야 합니다. 그렇지 않으면 끊어지지 않는 필라멘트 재료를 찾아낼 때까지 에디슨처럼 수많은 재료를 무턱대고 실험하는 시행착오를 거듭하게 될 테니까요. 도출된 연구 문제는 필라멘트의 수명을 길게 만드는 기술을 개발하는 것입니다.

필라멘트는 왜 끊어질까

필라멘트가 쉽게 끊어지는 현상에 대한 질문은 '필라멘트는 왜 끊어지는 걸까?'가 되겠지요. 이 질문의 답을 찾기로 하고 연구 계획을 세워보겠습니다. '필라멘트가 끊어지는 현상의 원인은 무엇일까?'라고 질문을 바꾸면, 현상의 원인이라는 답이 필라멘트의 수명을 늘려줄 열쇠가 될 겁니다.

우선 에디슨연구소에서 그동안 해온 '실패한' 실험을 살펴봅니다. 몇몇 실험에서 전류 강도를 조금씩 높이면 필라멘트의 색이 밝아

지다가 끊어지는 현상이 나타납니다. 끊어진 필라멘트를 잘 살펴보니 녹은 흔적이 있습니다. 이 관찰에 근거해서 '필라멘트가 끊어지는 원인은 금속이 녹는 것'이라는 가설을 세웁니다.

전류가 흐를 때 필라멘트에서 빛이 난다는 건 결국 고온이 되었다는 의미입니다. 실제 백열전구의 필라멘트는 섭씨 2,000도까지 올라갑니다. 그 당시에 실험에 사용한 금속은 녹는 온도가 1,300도 이하였을 것입니다. 그 정도 온도로는 전구로 쓸 만큼 밝은 빛을 얻지 못합니다. 1,500도까지 온도를 올릴 수 있는 필라멘트 금속은 백금뿐입니다. 하지만 백금은 너무 비싸서 필라멘트로 사용할 수 없습니다.

그렇다면 다음으로는 백금처럼 높은 온도에서도 녹지 않는 금속을 찾아내야 합니다. 텅스텐의 녹는점이 3,422도인데, 아쉽게도 텅스텐을 가는 선으로 만드는 필라멘트 제작 기술이 없던 시대입니다. 약 30년 후인 1910년이 되어야 텅스텐 필라멘트가 개발됩니다. 그렇다면 금속 필라멘트는 아직 개발하기 어렵다는 잠정적인 결론을 내리고, 이제 금속이 아닌 소재를 찾기 위해 연구합니다.

탄소 필라멘트 실험

이제 연구 질문은 '전기가 잘 통하면서 고온에서도 녹아서 끊어지지 않는 소재가 있을까?'로 바뀝니다. 결국 찾아낸 답은 탄소 또는 탄화물 필라멘트였습니다. 이제는 '탄소를 필라멘트로 사용하면 수명이 긴 전구를 개발할 수 있다'는 것을 연구의 가설로 세울 수 있습니다. 이 가설을 입증하기 위해서 탄소 막대를 필라멘트처럼 가늘게 만들어보지만, 그렇게 가공하기는 어렵습니다. 그 대신 무명실을 탄화시켜서 탄소 필라멘트를 만들어봅니다. 탄화란, 공기가 없는 상태에서 무명실을 높은 온도까지 가열하면 다른 성분들은 모두 날아가고 탄소만 남는 현상입니다. 탄화 현상을 이용하여 무명실 탄화 필라멘트를 만들고 전기를 통하게 하는 예비 실험을 해보았더니, 고온에서도 녹지 않고 밝은 빛을 냅니다. 이제는 이 연구의 본 주제인 탄소 필라멘트 실험으로 넘어갈 수 있습니다.

●○●

여기까지가 이 장의 주제인 연구 설계입니다. 아직 연구 설계 모형 중에서 실험의 수행과 결과 해석 부분이 남았습니다. 실험은 과학 연구의 꽃이라 불릴 만큼 중요하고 다룰 내용이 많습니다. 그러므로 실험 수행에 관한 내용은 다음 장에서 설명하겠습니다.

5장

실험하기

　연구실에서 일하는 과학자의 모습을 상상해보면 어떤 모습이 떠오르나요? 하얀 가운을 입고 시험관을 들고 비커에 용액을 따르며 실험하는 모습일 겁니다. 사람들이 실험하는 과학자의 모습을 떠올리는 이유는 실험이 과학자의 연구를 대표하는 활동이기 때문입니다.

　실제로 연구실에서 일하는 과학자의 모습은 일반 회사에서 일하는 직장인과 크게 다르지 않습니다. 필자는 실험 가운을 입을 일이 거의 없지만, 학생들이 연구소에 견학을 오거나 특강, 언론 인터뷰 때는 일부러 가운을 입곤 합니다. 사람들의 기대에 부응해서 과학자다운 모습을 보이고 싶기 때문입니다.

　이 장에서는 '과학자의 일'이라고 하는 실험에 대해 알아봅시다.

과학에서 실험은 정말 중요하다

실험은 가장 유용한 과학의 연구 방법의 하나로, 가설이나 과학 이론이 맞는지 확인하기 위해 다양하게 조건을 바꾸어서 실제로 여러 가지를 측정하는 활동을 말합니다.

체계적인 파스퇴르의 실험

앞에서 이야기했던 파스퇴르의 백조목 플라스크 실험은 생물속생설, 즉 '생물은 반드시 생물에서만 발생한다'는 이론을 입증하기 위한 것이었습니다. 그래서 외부에서 미생물이 들어가지 않으면 번식하지 못한다는 사실을 확인하기 위해 공기는 통과시키면서 미생물이 포함된 먼지는 통과할 수 없도록 백조목 플라스크를 고안했던 것이죠.

파스퇴르는 맥주, 식초, 포도주 산업에 중요한 발효 과정에 미생물이 관여한다는 것을 밝혀서 명성을 얻은 화학자였습니다. 그에게 양조업자가 찾아와 포도주가 변질되어 식초가 되는 원인을 밝혀달라고 한 것을 계기로 이 연구가 시작되었다고 합니다.

본격적으로 실험을 시작하기 전에, 파스퇴르는 먼지를 현미경으로 조사하여 영양액 속에서 관찰되는 미생물과 매우 유사한 입자가 먼지 속에도 있다는 것을 관찰하고, 이 미생물이 영양액에 들어가서 번식한다고 추정하고 연구를 시작합니다.

자연발생설은 생물은 자연에서 저절로 생겨난다는 개념으로, 기원전 6세기 그리스 밀레토스의 아낙시만드로스가 제안한 학설입니다. 실험을 통해 확인된 것은 아니지만 아리스토텔레스가 지지하고 가톨릭교회가 받아들였기 때문에, 그 후로 약 2,000년에 걸쳐 이 이론의 사실 여부를 의심하는 사람이 없었습니다. 그런데 16세기 근대 과학 태동기가 되자, 사람들은 그때까지는 의심하지 않던 여러 이론을 실험으로 입증해보려고 시도했습니다.

그중에 이탈리아 가톨릭교회 신부인 프란체스코 레디가 1668년에 자연발생설을 확인하는 실험을 했습니다. 고깃국물을 넣은 두 개의 용기 중 하나에는 망을 씌워 파리가 들어가지 못하게 하고, 다른 하나는 그대로 두었습니다. 며칠 뒤, 그대로 둔 용기에는 파리의 애벌레인 구더기가 생겼지만, 파리가 들어가지 못하게 망을 씌운 용기 안에는 구더기가 생기지 않았습니다. 이 관찰 결과, 레디는 생물은 반드시 생물에서만 발생한다는 생물속생설을 발표합니다. 이 실험은 최초의 대조실험, 즉 실험군(망을 씌운 용기)과 대조군(망을 씌우지 않은 용기)을 비교한 실험으로 인정받습니다. 하지만 이 결과에도 불구하고 자연발생설 논쟁은 계속됩니다.

1745년 영국의 존 니덤이 멸균한 플라스크에 끓인 고깃국물을 넣고 코르크로 입구를 막아두었는데, 얼마 지난 뒤 현미경으로 관찰했더니 미생물이 확인되었습니다. 그래서 니덤은 미생물이 자연발생한다고 주장했습니다. 1765년 이탈리아의 스팔란차니가 유사한 실험을 했습니다. 그는 코르크 마개로만 막으면 미생물이 발생하지만, 플라스크 입구를 버너로 녹여 완전히 밀폐시킨 대조실험에서는 미생물이 발생하지 않음을 관찰합니다. 그래서 이를 근거로 다시금 생물속생설을 주장합니다. 물론 자연발생설의 신봉자들은 스팔란차니가 고깃국물을 지나치게 가열해서 자연발생에 필요한 생명력이 파괴되었다고 주장하거나, 완전 밀폐로 산소가 공급되지 않아서 미생물이 발생하지 못했다며 반론을 제기했습니다.

1860년 파스퇴르는 '공기 중에 존재하는 먼지 속 미생물이 영양액에 들어가 번식한다'는 가설을 세우고, 이 가설을 입증하기 위한 실험을 계획합니다. 우선 플라스크에 넣어 끓인 영양액(설탕물 효모액)에 미생물을 제거한 공기를 주입하고 밀폐한 후 상온에서 오래 유지해도 효모액에 아무런 변화가 생기지 않는다는 것, 즉 미생물이 발생하지 않는다는 것을 확인합니다. 하지만 여기에 다시 공기에서 걸러낸 먼지를 주입하면 2~3일 만에 미생물이 번식한다는 것을 관찰하고, '공기 중 먼지 속의 미생물이 영양액에 들어가 번식한다'는 가설의 가능성을 확인합니다.

스팔란차니의 실험에 대해 제기된 공기가 통하지 않으면 미생물이 발생할 수 없다는 반론에 대응하기 위해, 파스퇴르는 공기는 통과하되 먼지만 차단하는 실험을 계획합니다. 이 실험을 위해 고안한 장치가 백조목 플라스크입니다. 이는 유리 플라스크의 입구를 가열해서 백조 목처럼 S자 모양 관으로 늘린 것으로, 지름 1밀리미터 정도의 구부러진 관을 통해 공기는 통과하지만 먼지 입자는 차단되어서 내부에 도달하지 못합니다.

이렇게 실험했더니 일반 플라스크와 같은 조건에 두어도 백조목 플라스크에서는 미생물이 전혀 발생하지 않았으며, 백조목을 잘라서 먼지를 통과시킨 후에야 미생물이 번식하는 것을 확인하였습니다. 이를 근거로 파스퇴르는 미생물 발생의 기원이 공기 중의 먼지 속 미생물이라고 주장합니다. 또한 파스퇴르는 추가 실험을 통해 공기에 노출되면 매우 쉽게 변질하는 소변도 백조목 플라스크에서는 부패하지 않는 것을 확인합니다.

또한 파스퇴르는 자연발생설을 부정하는 데 도움이 되는 또 다른 실험을 합니다. 만약 미생물의 자연발생을 일으키는 핵심이 공기라면, 어느 곳의 공기를 플라스크에 넣든지 미생물이 똑같이 발생할 것이라는 가설을 세운 것입니다. 그래서 천문대 돔, 고원지대, 고지대에서 채취한 공기를 각각 20개의 플라스크에 넣고 미생물이 얼마나 발생하는지 실험합니다.

실험 결과, 학교 실험실 공기에 비해 깨끗한 천문대 돔 안에서 채취한 공기를 넣은 플라스크의 경우 더 적은 수의 플라스크에서 미생물이 발생했고, 고원 기슭과 해발 850미터 고지대에서 채취한 공기에서는 더 적은 수의 플라스크에서, 해발 2,000미터 빙하에서 채취한 깨끗한 공기를 넣은 20개의 플라스크 중에서는 단 한 개에서만 미생물이 발생했습니다. 파스퇴르는 이 결과를 정리하여 1861년 파리 화학회에서 〈자연발생설 비판〉이라는 논문으로 발표합니다.

실험하는 이유와 의미

단순하게 말하면, 새로운 현상을 설명하는 이론을 세우고 실험이나 관찰로 필요한 증거를 얻어서 보여주는 것이 과학 연구입니다. 실험과 관찰은 연구 주장(가설)이 맞다는 것을 논증argument할 때 근거를 제시하기 위한 도구입니다. '나는 이렇다고 생각한다'는 주장을 다른 사람들이 받아들이도록 설득하려면 확실한 근거를 제시해야 합니다. 연구자들이 학문에 대해 가져야 하는 기본 태도가 '입증되기 전에는 어떤 주장도 믿지 않는다'는 것입니다. 그래서 필자를 포함한 연구자라면 어떤 연구 결과와 주장을 받아들이기 전에 주장의 근거는 무엇인지, 제시된 근거가 타당한지 따져봅니다.

연구 주장(가설)을 입증하려면 이유reasons와 증거evidence라는 두 종류의 근거가 있어야 합니다. 이유는 주장이 논리적으로 타당하다는 이론적인 설명이고, 증거는 현상을 관찰하고 실험해서 보여주는 실제 결과를 말합니다.

실험을 할 수 없는 연구도 있다

실험한다고 해서 늘 의미 있는 결과를 얻는 것은 아닙니다. 실험하려면 실험 장치를 만드는 데만 몇 달이 걸리고, 실험하는 데도 시간이 많이 필요합니다. 그러니 좋은 실험 결과가 나오지 않아 머리를 쥐어뜯는 연구자에게 '실험을 할 수 있다는 것만으로도 유리하다'는 말이 큰 위로는 되지 않을 겁니다. 그래도 실험을 할 수 있다는 것은 연구에서 꽤 유리한 조건입니다. 과학에도 실험할 수 없는 분야가 있기 때문입니다. 예를 들면 천문학, 기상학, 지구과학 등인데, 이 분야의 연구에서는 실험하는 대신 현상을 관찰하거나 관측합니다. 실험은 대상에 어떤 조작을 가하고 조건을 바꾸어가며 그에 따른 변화를 비교하고 조사하는 활동이지만, 관찰은 대상을 있는 그대로 살펴보는 활동입니다.

천문학 연구의 예를 들어볼까요? 영국의 천문학자 에드먼드 핼리는 혜성을 관측하다가 한 혜성이 일정한 주기로 태양 둘레를 돌고 있고, 그 혜성의 궤도는 뉴턴의 만유인력 법칙을 따른다는 가설을 세웁니다. 핼리는 1705년에 발표한 《혜성 천문학 총론Synopsis Astronomia Cometicae》이라는 책에서, 1456년, 1531년, 1607년, 1682년에 지구 하늘에 나타났던 혜성이 사실 모두 같은 혜성이고, 76년 주기로 지구로 돌아온다고 주장했습니다. 핼리는 1742년에 죽었기에 이 혜성이 다시 출현하는 것은 보지 못했지만, 1758년에 그의 예측대로 지구에 다시 나타났습니다. 그래서 그의 이름을 따서 핼리 혜성이라 부릅니다. 이 연구는 1456년부터 300년 이상 혜성의 관측 결과를 분석하고, 혜성의 주기라는 가설을 세우고, 이론을 바탕으로 다음번 혜성이 나타나는 시기를 예측했습니다. 이를 관측하여 가설을 확인하는 데는 오랜 시간이 걸렸지요. 관측 결과를 해석해서 가설을 세우고, 또 그 가설을 관측으로 입증하는 천문학 연구는 조건을 만들어 조작하는 실험이 불가능하기 때문에 시간이 오래 걸리고 많이 어렵습니다.

실험 과정

4장에서 가설 수립에서 결론에 이르는 과정을 설명했습니다 (94쪽 그림 참조). 이 중에서 실험 수행과 관련된 과정은 실험 선정, 실험 설계, 결과 예측, 실험 수행, 결과 해석의 다섯 가지입니다. 5장에서는 이 각각의 요소를 구체적으로 설명하려 합니다.

그 전에 본격적인 실험을 시작하기 전에 거쳐야 할 단계가 있습니다. 연구 초보자일수록, 가설을 세운 후에는 바로 장치를 만들어서 실험하려고 서두릅니다. 하지만 본격적으로 실험을 시작하기 전에 어떤 실험을 해야 가설을 입증할 수 있을지 판단해야 합니다. 실험 방법을 확인할 만한 간단한 장치를 만들어서 예비 실험 또는 사전 실험 pretest을 해보고 그 결과를 확인하여 실험 방법을 확정합니다.

파스퇴르는 일반 플라스크를 밀폐하여 상온에서 오래 유지하는 예비 실험을 통해 미생물이 발생하지 않는다는 결과를 확인합니다. 그 후 공기에서 걸러낸 먼지를 주입하여 '미생물이 영양액에 들어가서 번식하는 것'이라는 가설을 세웁니다.

이처럼 어떤 실험을 할지 정하기 전에 하는 것을 예비 실험이라고 합니다. 연구에 익숙하지 않은 초보 연구자라면 실험을 정하기 위해 실험을 한다는 것이 이해되지 않을 겁니다. 그러나 어떤 장치를 사용해야 할지, 실험 조건을 어떻게 할지 등을 정해야 본격적으로 실험을 할 수 있으므로, 예비 실험은 준비 과정에서 미리 하는 실험이라고 이해하면 됩니다.

한편 연구 설계 단계에서는 어떤 실험을 할지 결정합니다. 가설을 검증하기 위해 어떤 결과가 필요한지, 그 결과를 얻기 위해서 어떤 실험을 할 것인지 정하는 거지요. 따라서 실험을 선정하기 전에 실험 목적을 명확하게 할 필요가 있습니다. 즉 이 실험을 통해서 알아내고자 하는 것이 무엇인지 목적을 적어보는 것이지요. 목적에 따라 실험 유형을 분류하면 ① 현상이나 물질의 특성을 파악하기 위한 실험, ② 이론 또는 가설을 검증하기 위한 실험으로 나눌 수 있습니다.

예를 들어 파스퇴르의 가설을 검증하는 실험은 이론 또는 가설을 검증하기 위한 것으로 분류됩니다. 이 실험의 목적은 '공기 중의 미생물이 영양액에 들어가 번식한다는 가설을 검증한다'는 것입니다. 그래서 영양액에 공기 중의 미생물이 들어가지 못하게 해도 미생물이 번식하는지를 실험한 거지요. 여러 지역의 공기를 사용한 실험은 '공기가 자연발생을 일으키는 것'이라는 가설을 바탕으로, '어느 지역의 공기를 넣든지 같은 정도로 미생물이 생겨야 한다'라는 예측을 부정하는 결과를 얻어 생물속생설이 맞는지 확인한 것이고요.

실험을 통해 꼭 필요한 데이터를 얻기 위해서는 다양한 요소들을 고려해야 합니다. 예를 들어 소재 특성 실험을 한다면, 표준 실험 샘플의 소재 종류, 형태, 굵기, 길이 등, 다양한 요소들을 고려하여 실험해야 합니다. 때로는 가설과 일치하는지 결과만 확인해도 되는 단순한 실험도 있지만, 대개는 한 번의 실험으로는 확인하기 어렵고 여러 실험 결과를 종합해야 결론을 얻을 수 있습니다.

또한 직접 실험할 수 없어서 간접적으로 확인해야 하는 경우도 있습니다. 예를 들어 어떤 소재의 수명이 최소 1년 이상이라면 소재의 수명을 직접 확인하는 데 1년 이상 걸리겠지요. 이렇게 시간이 오래 걸리는 실험은 현실적이지 않습니다. 이런 경우 좀 더 가혹한 조건에서 소재를 실험해서 소재의 수명을 간접적으로 확인하는 실험을 설계해야 합니다.

실험 선정

실험은 실험 선정, 실험 설계, 결과 예측, 실험 수행의 순서로 진행됩니다. 4장에서 소개한 연구 과정과 비슷한 이유는 연구 활동의 핵심이 실험 또는 관찰이기 때문이지요. 이 중 어떤 실험을 할지 정하는 것이 실험 선정 단계입니다.

밀봉한 플라스크로 외부 공기가 들어가지 못하면 산소가 공급되지 않아서 미생물이 발생하지 않는다는 반박 논리에 대응하기 위해, 파스퇴르는 공기는 통과하되 먼지는 차단되는 실험을 구상합니다. 이 실험을 위해 파스퇴르가 생각해낸 장치가 백조목 플라스크입니다. 구부러진 관을 통해 깨끗한 공기는 자유롭게 이동해 효모액에 도달하는 반면, 먼지 입자는 백조목에 고인 물로 차단됩니다.

랩 스케일 실험, 벤치 스케일 실험, 파일럿 실험

연구 단계에 따라 실험실 내에서 할 수 있는 실험실 규모 실험, 좀 더 큰 규모의 벤치 규모 실험, 파일럿 규모 시험을 거쳐, 데모 플랜트라고 부르는 실증 시험까지 실험의 규모가 점차 커집니다. 연구 분야에 따라 다르기는 하지만, 각 단계마다 10~100배 정도 규모가 커지는 것이 일반적입니다.

실험실 규모 실험은 랩 스케일lab scale 실험이라고도 하는데, 실험실에서 흰 가운을 입고 현미경을 들여다보거나 측정하는 과학자의 이미지는 실험실 규모 실험에서 볼 수 있습니다. 주로 과학 연구, 즉 자연현상과 공학 원리를 과학적으로 이해하기 위해 실험실 내에 작은 장치를 만들어서 하는 실험으로, 실험 결과를 이론과 비교하고 기술의 가능성을 보여주기 위한 것입니다.

실험실 규모 실험에서 효과가 확인되면 벤치 규모bench scale 실험을 합니다. 벤치 규모 실험은 랩 스케일 실험보다 10~100배 정도로 규모를 키워서, 실제 설비로 스케일 업sclae-up하는 데 필요한 설계 변수를 정하기 위한 데이터를 얻는 것입니다.

파일럿 규모pilot plant 시험은 실증 플랜트를 건설하기 위한 전 단계로, 장치를 운영하면서 발생할 수 있는 문제를 파악하고 해결책을 확인하기 위한 시험입니다. 실증 규모의 장치를 만드는 것이 가장 확실하지만, 실증 규모에서 여러 가지 조건을 바꾸면서 시험하려면 운전 비용이 너무 많이 들기 때문에, 실제의 1/10~1/3 규모로 실험해보는 것입니다.

실험 설계

실험의 종류와 규모가 정해지면 다음은 실험을 설계합니다. 구체적으로는 실험 방법과 분석 방법, 측정 방법과 장치, 조건 등을 정하는 단계입니다. 가설을 입증하는 결과가 나올 만한 실험을 하는 것이 바람직하지만, 동일한 조건에서 비교 대상에 대한 실험도해야 합니다.

앞에서 레디의 실험을 설명하면서 대조군과 결과를 비교하는 실험을 대조실험對照實驗, control experiment이라고 불렀습니다.

실험/분석 방법 설계

좋은 결과가 나올 가능성이 높은 방법을 찾아야 하므로, 우선 유사한 논문 또는 동료 연구자들의 조언 등을 참고합니다. 실험과 분석 방법이 결정되면, 실험 장치를 설계하고 제작합니다. 물질이 원하는 특성을 가지는지 단순히 확인하는 실험이라면 실험 장치가 필요 없지만, 그 물질이 실제 적용되었을 때 성능이 어떤지 확인해야 한다면 실험 장치가 필요하겠지요. 파스퇴르의 백조목 플라스크 실험에서도 영양액의 종류(효모액), 양 등은 유사한 연구를 참고해서 정했을 것이고, 관찰 방법(효모액의 변화, 즉 미생물의 번식을 육안으로 관찰하기), 온도 등도 비슷하게 정했을 겁니다.

실험 (예비) 보고서에서는 실험/분석 방법을 순서에 따라서 재현할 수 있는 수준으로 설명해야 합니다. 측정 방법도 언제, 어느 부분을 기준으로 측정하는지 명시해야 실험 도구와 실험 방법이 복잡하더라도 보고서를 읽는 사람이 장치 설계와 제작 과정까지도 잘 이해할 수 있기 때문입니다.

실험 조건 설정

다음으로는 실험 조건을 설정합니다. 종속변수, 독립변수와 같은 실험의 변수를 먼저 결정합니다. 예를 들어 B가 A에 미치는 영향을 확인하는 실험을 한다면, 가시적으로 A의 변화를 볼 수 있는 값을 하나 정하고 어떻게 변하는지 확인합니다. 이것이 실험의 종속변수從屬變數, dependent variable입니다. B와 관련된 독립변수獨立變數, independent variable를 적절히 변경하면서 종속변수인 A가 어떻게 바뀌는지 관찰하는 것이지요. 따라서 파스퇴르 실험의 종속변수는 미생물이 번식한 정도, 미생물이 번식한 플라스크의 개수 등이고, 독립변수 (B)는 플라스크 내부로 통과하는 공기 중의 미생물의 농도 등입니다. 이외에도 관찰해야 하는 여러 변수들을 기타 변수라고 합니다.

예를 들면 파스퇴르의 미생물 번식 실험에서 영양액 중의 미생물 농도, 미생물과 공기의 통과 여부, 플라스크의 크기, 들어가는 영양액의 종류, 가열 시간, 온도 등의 통제 변수는 가능한 한 같은 조건을 유지해야 실험군과 대조군의 비교가 가능합니다. 실험 중에 한꺼번에 여러 변수들이 바뀌면 한 변수의 영향만을 구별하여 결론을 내리기가 어렵습니다.

파스퇴르가 여러 지역의 공기를 가지고 미생물 번식을 실험할 때는 플라스크의 형태, 영양액의 종류와 양, 가열 방법, 가열 시간, 공기의 공급 방법 등을 고정하고, 지역에 따른 공기의 영향만을 서로 비교하는 실험을 했습니다. 여기서 실험 조건을 가능한 한 같게 유지한다고 한 것은, 실제 실험에서는 독립변수 외의 다른 실험 조건을 똑같이 유지하는 것이 생각만큼 쉽지 않기 때문입니다. 따라서 실제로는 실험마다 조건이 약간 변하더라도, 관찰해야 하는 핵심 현상, 즉 결과에 영향을 미치지 않을 정도여야 합니다. 이것은 경험을 통해 얻을 수 있는 실험 노하우입니다.

결과 예측

실험 설계의 다음 단계는 결과 예측입니다. 가설을 기반으로 실험에서 어떤 결과가 나올지 예측하는 것입니다. 예를 들어 (이 가설이 맞는다는 전제 아래) 'X실험을 통해 Y라는 결과가 나올 것이다'라고 예측한 후 X실험을 해서 결과가 나오면 원래의 예측과 일치하는지 비교해봅니다. 그리고 그 결과에 따라 앞으로의 진행 방향을 결정하게 됩니다. 가장 행복한 결말은 '실제 결과 Y'가 예측 Y와 상당히 일치하므로, 가설이 맞다'는 결론에 도달하는 것이겠지요. 하지만 많은 경우 결과 Y'는 예측과 일치하지 않습니다. 가설이 맞지 않으면 처음 수립한 가설을 수정하여 새로운 가설을 세우고 검증합니다.

실험 보고서 작성

실험 보고서는 실험 목적과 과정, 실험 결과를 전달하기 위한 문서로, 실험 배경, 목적과 결론까지 일정한 양식에 따라 작성합니다. 파스퇴르의 백조목 플라스크 실험의 경우라면 자연발생설과 관련된 논쟁, 망을 친 플라스크에서는 구더기가 생기지 않았다는 레디의 실험 결과, 코르크로 입구를 막은 플라스크 내 양고기즙에 미생물이 자연발생했다는 니덤의 반박, 완전히 밀폐시킨 실험에서는 미생물이 자연발생하지 않는다는 스팔란차니의 실험 결과, 밀폐로 산소가 공급되지 않아서 미생물이 발생하지 못한 것이라는 반박 논리 등을 실험의 배경으로 서술할 것입니다.

실험 보고서는 실험을 마치고 나서 쓰는 것이 일반적이지만, 실험 수행 전에 예비 보고서를 작성하기도 합니다. 예비 보고서는 실험의 배경, 목적과 관련 이론, 실험 도구와 실험 방법 등으로 구성됩니다. 실험 설계 시점에 예비 보고서를 작성하면, 실험 대상이 어떤 현상이나 물질과 관련 있는지, 필요한 개념과 왜 그 실험 방법과 분석 방법을 사용하는지를 설명해주므로, 실험 전에 실험 방법과 장치, 조건 등을 점검하는 데 도움이 됩니다.

실험 수행

다음 단계는 실험 수행입니다. 단순히 변수에 따라 변화하는지 확인하는 실험도 하지만, 대조군과 실험군을 비교하는 실험도 합니다.

하지만 온도, 농도와는 달리 측정기로 직접 측정할 수 없는 실험도 있습니다. 예를 들어 흡착 성능 실험은 시간을 측정해서 간접적으로 흡착 성능을 산정해야 합니다. 일정한 양의 흡착제에 일정한 농도의 대상 물질이 포함된 가스를 일정한 유량으로 흘리면서 출구에서 물질의 농도를 측정하면, 어느 정도 시간이 지나서 출구 농도가 급격하게 상승하는 파과breakthrough 현상이 관찰됩니다. 이는 흡착제가 흡착할 수 있는 한계가 되면 더 이상 흡착하지 못하고 대상 물질이 빠져나오는 현상입니다. 이렇게 파과 시간을 비교하면 여러 물질의 흡착 성능을 비교할 수 있습니다. 즉 비교 대상인 활성탄은 파과가 7시간 후에 일어나는데 새로 개발한 흡착제는 약 20시간이 걸린다면, 수명이 약 3배 길다고 할 수 있지요.

그런데 한 번 실험해서는 결론을 내리기 어렵습니다. 실험에는 없애기 어려운 오차가 있기 마련입니다. 실험 오차를 최소화하려면 동일한 조건에서 반복 실험을 합니다. 반복 실험을 통해 실험 오차를 추정할 수 있으면 실험군과 대조군의 차이가 통계적으로 의미있는지를 판단하는 데 도움이 됩니다. 반복 실험에서는 어느 단계부터 어느 단계까지를 반복하는지 명시해야 합니다.

주 실험 외에도, 각종 변수들이 결과에 어느 정도 영향을 미치는지 확인하는 실험도 합니다. 파스퇴르의 연구에서는, 우선 효모액을 사용하여 미생물이 유입되지 않으면 미생물 번식이 관찰되지 않는다는 것을 보여주는 실험이 가장 중요합니다. 그러나 잘 변질되는 소변을 사용하여 외부에서 미생물이 유입되지 않으면 변질되지 않는다는 것을 보여주는 보조 실험도 했습니다. 또한 빙하 지역의 공기까지 채집해서 비교하는 실험도 했습니다. 통념대로 자연발생을 일으키는 핵심 원인이 공기라면, 어느 지역의 공기를 넣든지 미생물이 같은 수준으로 발생해야 합니다. 그러나 어느 지역의 공기인가에 따라 미생물의 발생 수준은 달랐습니다. 즉 미생물 발생의 주요 원인이 공기가 아닌 공기 중의 먼지 혹은 미생물이라는 사실을 밝힌 것이지요.

실험 결과의 정확성과 대표성

실험 결과가 연구의 확실한 근거가 되려면 믿을 만해야 합니다.

중요한 주장일수록 실험 데이터를 충분히 제시해야 하고, 한두 가지 특정한 사례 등을 확대해석해서는 안 됩니다. 실험 데이터는 정확하고 대표성이 있어야 합니다. 실험 데이터가 정확하다accurate는 말은 실제 값과 일치한다는 의미합니다. 이와 비슷한 표현으로 정밀하다precise라는 말을 사용하는데, 측정된 값들끼리 일치한다는 것을 뜻하므로 약간 다른 의미입니다. 그러니까 실험에서 반복 측정한 값들끼리 서로 잘 일치하여 정밀하더라도, 실제 값과는 다른 정확하지 않은 결과일 수도 있다는 뜻입니다.

실험 결과가 객관적으로 재현성 있는, 충분한, 대표적인 증거인지는 연구자가 스스로 확인해야 합니다. 결과 데이터의 숫자를 잘못 적는 사소한 실수도 연구의 신뢰성을 해칠 수 있기 때문에 주의해야 합니다. 따라서 실험을 할 때는 실험 노트에 완전하고 명확하게 데이터를 기록하고, 논문을 쓰기 전은 물론 쓴 후에도 결과 데이터를 거듭 확인해야 합니다. 물론 연구자 본인이 확실한 증거라며 강하게 주장한다고 해도 논문의 독자가 인정해야 합니다. 또한 학문의 분야에 따라서 요구하는 증거 수준이 다르기도 합니다.

정량적인 실험 결과를 제시해도, 그 값이 나온 근거가 무엇인지 되묻는 경우가 있습니다. 가능하면 직접 실험한 원 데이터를 제시해야 하고, 누가 어떤 방법으로 수집한 데이터인지 명확히 설명해야 합니다. 다른 논문처럼 2차 자료에서 얻은 데이터를 제시하면 때로는 직접 실험한 결과를 보여달라고 요청하기도 합니다.

결과 해석

실험이 끝나면 실험 결과를 정리하여 분석하고 해석해야 합니다. 실험 데이터를 제시할 때는 표, 그래프, 사진, 그림, 개략도 등으로 나타냅니다. 각각의 자료에는 제목과 간단한 설명을 붙이고, 어떤 방법으로, 무엇을 측정하여 얻은 데이터인지 본문에서 설명합니다. 결과 분석은 목적에 따라 실험 데이터를 분석하는 단계로, 어떤 방법으로 분석했는지, 실험 오차는 어느 정도인지 표시해야 합니다. 오차의 원인이 명확하다면, 오차를 보정한 결과를 사용하되 보정 방법을 함께 제시합니다. 또한 분석 결과가 지닌 의미를 해석하고 토론한 내용을 근거로 결론을 내립니다.

파스퇴르는 실험 결과를 정리해서 자연발생설을 논리적으로 반박하는 논문을 1861년 파리 화학회에서 발표합니다. 이 실험 후에도 자연발생설에 관한 논쟁이 완전히 종식된 것은 아니지만, 특히 백조목 플라스크 실험이 근대 생물학 발전에 중요한 계기가 되었다고 인정받은 결정적인 이유는 과학적 연구 방법을 사용했기 때문입니다. 즉 주장을 입증하는 데 적합한 실험을 구상하고 설계해서 수행하고 실험 결과를 근거로 주장을 효과적으로 논증했던 것입니다.

실험의 어려움

실험 수행의 어려움은 실험 설계, 결과 예측, 실험 조건 설정, 결과 해석, 결론의 다섯 가지의 모든 영역에서 나타납니다. 그중에서도 특히 어려운 과정은 실험 설계인데, 실험 목적에 대한 이해가 부족하면 더욱 그렇습니다.

실험 설계의 어려움

연구 초보자 시절에는 주로 실험 설계를 가장 어려워합니다. 우선 실험의 목표를 확실히 이해해야 합니다. 가설을 입증하는 실험인지, 또는 이론과 비교하기 위한 실험인지 이해하여 어떤 결과를 내야 하는지를 알아야, 실험 계획을 수립하여 실험 과정과 방법을 제대로 설계할 수 있습니다.

고등학교나 대학에서 배우는 수업 실험은 주제와 방법이 이미 정해져 있습니다. 어떤 결과를 얻어야 하는지를 미리 알고 실험하기 때문에 실험을 설계하는 과정이 생략됩니다. 또 예상되는 결과를 얻는 것에만 집중하기 때문에, 실험 설계를 경험할 기회가 없습니다.

한 연구에서는 연구 초보자들이 "이제까지는 (목표와 방법이) 주어진 실험만 했기 때문에, 어떤 결과를 얻기 위해 장치를 어떻게 구성해야 하는지 설계하기 어려웠다", "실험에서 좋은 결과를 얻기 위해 어떻게 장치를 수정해야 할지 방향조차 생각할 수 없었다"라고 소감을 말했다고 하는데, 실험 설계에 대한 개념이 없다는 좋은 예입니다.

실험 수행의 어려움

실험 수행의 어려움은 논문에 나오는 실험 도구와 가지고 있는 실험 도구에 차이가 있다는 등 주로 계획과 실제 실험 간의 차이를 해결하지 못하는 데서 발생합니다.

실험자가 계획과 실제의 차이를 이해하지 못하는 데는 두 가지 유형이 있습니다. 하나는 현실에서는 이론적·이상적 실험을 할 수 없으니 실험이 어렵다고 하는 경우입니다. 예를 들면 "이 실험에서는 마찰이 없는 주사기로 실험해야 하는데 현실에서는 마찰이 없을 수는 없으므로 이 실험은 어렵다"라고 하는 것입니다. 또 다른 유형은 "논문에서 본 실험 장치 구조가 이해가 되지 않아서 실험이 어려웠다"고

하는 경우입니다.

　이처럼 실험 장치에 문제가 있다고 여기면, 실험 도구를 수정하는 데 초점을 맞추기 쉬워서 실험 목표와 실험 도구에 근본적으로 한계가 있다는 사실을 인식하지 못합니다. 그래서 예상과 다른 실험 결과가 나타나는 원인을 실험 도구가 적합하지 않았기 때문이라고 생각하는 것입니다. 이런 초보 연구자는 실험 결과가 이론적으로 예측한 답과 일치하는지에만 집중합니다. 이 문제는 경험과 선행 지식이 부족한 탓이므로 시간이 지나면 해결될 것입니다.

　실험에서 나타나는 현상에 영향을 미치는 다양한 변수를 모두 통제하기는 어렵기 때문에, 실험에서 이상적 결과를 얻기는 어렵습니다. 이상적 결과를 얻으려고 실험 도구를 수정하는 데만 몰두하기보다는 이론과 현실의 차이를 받아들여야 합니다. 실험 결과가 예측과 일치하지 않는 경우, 실험 결과만 의심하는 것은 이론을 지나치게 신뢰하기 때문입니다. 연구자는 실험 결과와 예측이 모두 틀릴 수 있다는 것을 인정하고 실험의 목적과 과정과 결과를 다시 한번 되짚어보고 살펴보는 과정에서 연구 역량이 성장합니다.

실험 변수 통제의 어려움

　같은 조건에서 실험했는데 똑같은 결과가 나오지 않는 것도 흔한 일입니다. 완전히 똑같은 실험 조건을 만들 수는 없기 때문입니다. 연구자가 실험에서 통제할 수 있는 것은 실험 변수뿐입니다. 게다가 그 변수조차도 완벽하게 통제할 수 있는 것은 아닙니다. 예를 들면 실험 조건 중 온도를 조절할 경우, 실제로는 온도를 직접 변경하는 것이 아니라 가열량이나 유량, 공급 전압 등을 바꾸어 간접적으로 온도를 조절하는 것입니다. 그 결과 통제변수인 온도가 변한다는 말이지요. 그러므로 '온도를 동일하게 했다'는 조건은, 온도에 도달하는 과정이 다르면 실제로는 동일한 조건이 아닐 수 있습니다.

어떤 경우에는 선배가 쓰던 실험실의 장치로 같은 조건의 실험을 했는데, 같은 결과가 나오지 않기도 합니다. 그런데 선배가 와서 만지면 또 원래의 결과가 나오기도 합니다. 이렇듯, 실험이 연구자의 손을 타는 경우도 드물지는 않습니다.

●○●

과학 연구를 대표하는 활동인 실험은 주장을 입증하는 근거를 찾는 과정입니다. 확실한 근거가 되려면 정확하고, 정밀하며, 대표성이 충분한 실험 결과여야 하므로, 실험에는 여러 조건이 따릅니다. 시행착오를 덜 겪기 위해서는 실험 선정과 설계를 잘해야 하고, 실험 결과를 확인하면서 유연하게 실험 방법을 바꿀 수도 있어야 합니다. 그와 동시에 실험 결과와 가설을 비교해서 잘못된 가설은 기꺼이 수정하는 열린 마음을 가져야 좋은 연구자가 될 수 있습니다.

4

실험을 잘하려면

실험 결과가 예상과 너무 다르다거나, 좋은 결과가 너무 안 나온다든가, 생각과 달리 실제로는 안 되는 등, 실험에는 다양한 실패가 있습니다. "모든 실험은 실패한다"라는 말이 있을 정도로, 실험에서 당초에 예상했던 결과가 나오는 경우는 많지 않습니다. 실험에 실패하는 것은 연구자의 일상이기도 하지만, 실험 결과가 잘 안 나오면 연구자는 어쩔 수 없이 좌절하곤 합니다.

최근에 읽은 한 책에서 "우리가 통제할 수 있는 것은 과정과 자원뿐, 결과는 통제할 수 없다"는 구절을 읽고 공감했습니다(《멀티팩터》, 김영준, 스마트북스, 2020). 실험도 그렇습니다. 매번 원하는 실험 결과를 얻을 수는 없겠지만, 실험에 사용되는 측정 기기, 소재, 물질 등을 통제하여 실험을 잘 준비할 수는 있습니다.

어떻게 하면 실험이 잘될까

어떻게 하면 실험이 잘될까요? 실험을 잘 설계하는 것이 우선입니다. 실험을 통해 입증하려는 실험군experimental group과 실험군과 비교할 대조군control이 명확하게 대비되도록 실험을 설계해야 합니다. 또한 실험에서 다룰 변수로 조건을 변경하는 독립변수와 독립변수의 변경에 따라 나타날 결과인 종속변수라는 실험 변수들을 명확하게 정해야 합니다.

필자의 실험을 예로 들어 실험 변수를 설명해보겠습니다. 기상 고온 조건에서 촉매 입자를 합성하는 실험에서 합성된 촉매의 반응 특성에 합성 온도가 중요한 역할을 한다는 주장을 입증하려 한다면, 합성 온도는 독립변수, 촉매의 반응 특성이 종속변수입니다. 하지만 종속변수인 촉매의 반응 특성에 합성된 촉매 입자의 결정성이 더 크게 영향을 미친다면 결정성을 독립변수로 하는 것이 좋습니다. 한편 촉매의 반응 특성에 영향을 미칠 수 있는 유속, 공기 조성, 전구체 물질 등 다른 주변 조건(통제변수)들을 적절히 통제해야 합니다. 특히 통제 변수들을 효과적으로 통제해야 실험 결과의 신뢰도를 높일 수 있습니다.

좋은 실험을 설계하기 위한 점검 질문을 정리해보면 다음과 같습니다. '이 실험에는 어떤 변수들이 있는가? 변경할 변수(독립변수)

는 어떤 것인가? 이 독립변수를 변경할 때 기대하는 효과를 확인할 종속변수는 무엇인가? 기존 연구(대조군)에 비해 우수한 점은 무엇인가? 적절히 통제해야 하는 다른 변수는 무엇인가?' 등입니다.

잘되는 조건에서 출발한다

실험이 잘되는 조건에서 출발한다는 것은 좋은 결과가 나올 것이 확실한 조건에서 그 결과를 확인하라는 것입니다. 예를 들어 백금을 이용하여 어떤 효과가 나타나도록 하는 연구를 생각해봅시다. 백금을 적게 넣어야 상업적으로 의미가 있겠지만, 우선 백금이 과연 효과가 있는지를 확인해야 하겠지요. 효과가 확인되지 않는다면 백금을 사용하는 것이 의미가 없을 테니까요. 따라서 먼저 효과가 확실하게 나타날 조건, 즉 백금을 조금 과도하게 넣어 실험해서 결과를 확인하는 것이 좋습니다. 비싼 물질을 과도하게 넣는 것이 아까울 수 있지만, 이 실험으로 효과가 없다는 것이 확인되면 과감하게 연구를 그만둘 수 있으니 그만한 가치가 있습니다. 효과가 일단 확인되면, 물질의 최적 사용량을 찾는 연구는 상대적으로 쉽습니다.

실패한 결과를 다시 살펴본다

앞에서 "모든 실험은 실패한다"라는 말이 있다고 했지만, 필자는 "사실 실험에 실패란 없다"라고 말합니다. 실패한 실험도 실패라기보다는 조건이 다른 실험의 결과일 뿐이지요. 실험 시작 전의 예상과 달리 좋은 결과가 나오지 않는 것은 아쉽지만, 적절한 조건을 몰랐기 때문에 나온 결과이므로 그 실험 또한 가치가 있습니다. 실패한 실험 결과를 잘 분석하면 어떤 조건이 문제였는지 찾을 수 있습니다. 실패한 이유가 무엇일까 깊이 고민하고, 그 현상이 나타난 원인을 찾아내면 됩니다.

예를 들어, 효율을 높일 가능성이 있는 A라는 물질을 실험했는데 예상한 결과가 안 나온다면, 다음과 같이 접근하기 쉽습니다.

"이번 연구도 망했구나. 이젠 뭐 하지? B 할까? B 망하면 C 하고, C 망하면 D 하고, D 망하면 E 하고… 그러다가 더 해볼 것도 없으면 어떡하지?"

하지만 "효율이 높아질 것 같았는데, 효율이 오히려 낮네? 왜 그럴까? 그 이유가 무엇일까? A물질에 X 성질이 있어서 그런 현상이 나타난 건 아닐까? 그렇다면 Y 성질이 있는 C물질을 쓰면 어떨까?"라는 식으로 이유를 추론함으로써 실험 계획을 세워 좋은 결과를 얻을 수 있습니다.

실험 중에 심각한 문제는, 조건이 같은데(혹은 같다고 생각했는데) 나오는 결과가 크게 차이나는 경우입니다. 이것은 실험의 일관성의 문제로, 일관성 없는 결과는 실험에 영향을 미치는 변수를 적절히 통제하지 못한 탓입니다.

예를 들면 합성 온도를 변경하여 물질을 합성하는 실험이라면 물질의 혼합 속도라든가 혼합 형태 등 다른 변수들도 결과에 영향을 주는데, 이런 조건들을 통제하지 못하는 경우지요. 이런 경우에는 실험 조작에 실수는 없었는지, 실험 도중에 변수가 변한 것은 아닌지, 측정 장비에 문제가 없는지 등을 점검할 필요가 있습니다. 문제의 원인을 찾으려면 유사한 장치를 다룬 경험이 있는 전문가에게 도움을 받는 것이 좋습니다.

본인의 실험 결과가 다른 논문의 결과와 다를 경우 당황할 수 있지만, 문제가 있다고 생각할 필요는 없습니다. 다른 논문의 실험과 조건이 완전히 똑같을 수는 없기 때문입니다. 다른 논문의 결과를 참고할 수는 있지만, 실험 결과의 신뢰도를 판단하는 기준은 될 수 없습니다. 본인의 실험 결과가 상식에 벗어난다고 해도 그 실험이 잘못된 실험이라며 실망하는 대신, 의미 있는 새로운 발견은 아닌지 잘 살펴보길 바랍니다.

최소의 실험으로 결과 얻기

실험을 하는 데는 많은 시간과 비용이 들어갑니다. 그다지 복잡하지 않은 랩 스케일 실험 장치라도 제대로 만드는 데 최소 한두 달은 소요되고, 실험 결과 분석 비용도 부담이 크고, 분석하는 데 몇 주씩 걸립니다. 연구에서 모두 필요한 과정이지만, 이런 시간이 정말 아깝게 느껴집니다. 연구 소요 시간과 연구비를 줄이려면 '어떤' 실험을 '얼마나' 할지 잘 정하는 것이 열쇠입니다.

필자의 실험에서 촉매 합성 최적 온도를 찾는 상황을 예로 들어보겠습니다. 온도 조건을 바꾸면서 촉매를 합성하는 이 실험은 하나의 조건을 실험하는 데 대략 1주일 정도가 걸리므로 실험 횟수가 중요합니다.

우선 실험해야 하는 온도 조건의 범위를 생각합니다. 비슷한 연구를 한 선행 연구 논문을 참고하여 조건을 설정합니다. 합성 온도가 섭씨 500도에서 최대 1,000도 범위라고 정했을 때 조금이라도 실험을 적게 하려면 어떻게 해야 할까요?

500도부터 1,000도까지 20도 간격으로 실험해서 가장 좋은 결과가 나오는 조건을 찾으면 좋겠지만, 그러면 26회나 실험해야 합니다. 그러면 실험에만 최소 7개월이 걸릴 테니 무턱대고 시작할 수는 없겠지요?

① 먼저 500도와 1,000도에서 실험(2회), ② 100도 간격으로 실험(600도, 700도, 800도, 900도, 4회)해봅니다. 실제 실험에서는 약 700도까지는 촉매 물질 합성이 잘되지 않는다는 것을 확인했을 뿐입니다. 이 6회의 실험은 온도에 따른 촉매 성능의 변화 경향을 알기 위한 예비 실험으로 많은 노력을 들여서 실험할 만한 것은 아닙니다. 그리고 800~900도 범위에서 특성이 크게 변화하는 결과가 나왔으므로 ③ 이 구간에서 좀 더 세밀한 실험(820도, 840도, 860도, 880도, 4회)을 하면 예비 실험 6회를 포함하여 총 10회의 실험 결과만으로 전체 경향을 나타내는 그림을 그려낼 수 있을 겁니다.

성공을 빨리 확인하는 방법

어떤 실험이든 결과가 성공적인지 확인하기 위해 필요한 분석이 있게 마련입니다. 예를 들어 필자의 실험에서는 합성된 입자의 특성을 다양한 방법으로 분석합니다. 투과전자현미경Transmission Electron Microscopy, 적외선분광법IR spectroscopy, X선 광전자 분광법 X-ray photoelectron spectroscopy, XPS, 핵자기공명분석법Nuclear Magnetic Resonance Spectroscopy, NMR 등입니다. 필요하긴 하지만 실험마다 모두 분석하기에는 비용과 시간이 너무 많이 듭니다. 따라서 실험의 성공 여부를 확인할 만한 간단한 방법을 하나 정합니다. 특히 외부 분석 센터 등 다른 기관에 의뢰하는 분석법은 시간이 많이 걸리므로, 연구실 자체에서 확인할 수 있는 방법이 좋습니다.

예를 들어 필자의 실험에서는 합성된 입자의 색을 육안으로 확인합니다. 색깔이 밝게 나오면 비교적 간단한 표준 실험으로 이 촉매 입자의 유해물질 분해 성능을 확인합니다. 그렇게 성능이 확인된 좋은 표본만 정밀한 분석법을 적용하여 분석하는 것이지요.

사고 실험

최근에 읽은 《공대생도 잘 모르는 재미있는 공학 이야기》(한화택, 플루토, 2017)에는 사고실험이라는 내용을 소개하고 있습니다. 생각 속에서 수행하는 실험을 가리키는데, 어떤 상황을 가정하고 그때 발생할 수 있는 결과를 예상해 시뮬레이션하는 것을 말합니다. 상상으로 장치를 구성하고, 조건을 설정하고, 이론에 입각해서 일어날 현상을 예상해보는 사고 과정입니다.

이 책에서는 피사의 사탑에서 했다고 알려져 있는 갈릴레오의 자유낙하 실험이 실제로는 물체를 떨어뜨려 실험한 것이 아니라 사고 실험이라고 합니다. 갈릴레이는 물체가 무거울수록 빨리 떨어진다는 자유낙하에 대한 통념에 논리적 모순점이 있다는 것을 발견했습니다. 사고 실험을 통해 무게가 같은 두 개의 쇠 구슬을 사슬로 서로 연결하면 무게가 두 배가 되는데, 쇠 구슬을 연결하지 않고 떨어뜨린다고 해서 낙하 속도가 서로 다르다는 것이 말이 안 된다고 생각했답니다.

사고 실험은 직접 실험처럼 구체적인 조건의 제약을 받지 않고 실험 오차도 없기 때문에 이상화된 실험입니다. 갈릴레이의 예처럼 물리학에서는 사고 실험이 종종 활용되곤 합니다. 과학 지식과 실험 경험에 근거하여 감각과 논리적 사고 능력을 총동원하면, 사고 실험으로도 나름 정확하고 의미 있게 결과를 예측할 수 있습니다. 또한 사고 실험은 실험 방법의 타당성을 검증하거나 논리적 모순을 발견하는 데도 유용합니다.

실제로 모든 실험을 다 해볼 수는 없고, 그럴 필요도 없습니다. 사고 실험을 잘 활용하면 실험에 소요되는 시간을 절약할 수 있고 사고력 훈련에도 좋습니다. 단순히 상상해보는 것만으로도 현상이나 상황을 이해할 수 있기 때문입니다.

6장

연구

마무리하기

　실험을 해서 결과를 얻었다면, 이제 마무리 단계입니다. 연구하
다 보면 의문과 질문이 꼬리에 꼬리를 물고 계속 쏟아지고, 그 답을
찾으려면 연구는 끝나지 않겠지요. 하지만 한없이 연구만 하고 있을
수는 없으니 어느 정도 결과가 나왔다면 더 연구해야 할 내용은 후속
연구에서 다루기로 하고, 일단 마무리해야 합니다. 이제까지의 연구
결과를 정리해서 결론을 내리고 결과물을 만들도록 합니다.

　연구 유형에 따라 결과물의 형태는 다릅니다. 과학 연구 결과물
로 논문을 작성하는 것이 일반적이지만, 기술 개발 연구라면 원하는
성능 조건을 만족하는 기술이 결과물이 되겠지요. 기술의 독창성과
차별성을 보호하기 위해 특허 출원을 해야 하는 경우라면, 특허가 결

과물이라고 할 수 있습니다. 제품 또는 서비스를 개발하는 연구라면 제품과 서비스의 상품화가 결과물이 됩니다.

연구를 마무리하는 과정에는 가설을 검증하며, 결과를 비교하고, 토론하고 결론을 도출하는 과정이 포함됩니다. 그리고 후속 과정으로 논문을 작성하여 투고하거나 특허를 출원하는 것 등이 있습니다. 각각의 단계를 살펴볼까요?

결과 해석과 가설 검증

　실험을 하면서도 당연히 결과를 해석해야 하지만, 이 책에서는 결과 해석을 연구 마무리 과정에 포함해서 설명하겠습니다.

표와 그래프

　관찰한 현상을 설명하고 가설을 검증하여 결론으로 연결하기 위해 실험 결과를 해석합니다. 설명과 결론이 일반화되려면 실험 결과에서 규칙적인 패턴, 즉 규칙성을 찾아낼 수 있어야 합니다. 이러한 규칙성이 현상을 설명하는 가설의 논리적인 이유, 즉 이론이 됩니다.

　잘 정리된 표와 한눈에 들어오는 그래프는 실험 결과를 해석하는 데 크게 도움이 됩니다. 독자 여러분도 논문과 보고서에서 표, 그래프, 사진 등을 본 경험이 있을 겁니다. 표와 그래프는 실험 중에 얻은 데이터를 정리해서 주장하는 바를 잘 나타내줍니다. 이외에도 그림, 개략도 등을 사용하기도 합니다.

표와 그림에는 번호와 간단한 설명(캡션)을 붙입니다. 예를 들면, '그림 2. 독립변수 X값의 변화에 따른 실험 결과 Y의 변화'와 같은 식이지요. 영어로는 Table 1, Fig. 3과 같이 씁니다. 여기서 'Fig.'은 그림Figure의 약자입니다. 표나 그림의 내용은 앞이나 뒤에 나오는 본문에서 설명합니다. 각 그래프의 데이터가 어떤 실험 과정에서 무엇을 측정한 값인지, 즉 어떤 조건으로 독립변수 X를 변화시키고 어떤 실험을 해서 종속변수 Y를 어떻게 측정했는지, 그리고 이 그래프가 의미하는 바가 무엇인지 설명하는 것이지요.

표와 그래프의 예를 살펴볼까요? Table 6-1은 X값(실험에서 변화시킨 독립변수)을 1에서 10까지 증가시키면서 얻은 어떤 실험의 결과 Y를 나타낸 표입니다. 이 표를 그래프로 나타낸 그림이 Fig. 6-1입니다.

표만 봐도 X값이 크면 Y값도 커진다는 것을 알 수 있습니다. 그러나 X값과 Y값을 그래프로 나타내면 X값이 커짐에 따라 Y값이 증가

X	1	2	3	4	5	6	7	8	9	10
Y	1.9	2.2	3.9	3.1	1.2	5.9	4.2	4.9	6.1	7.9

Table 6-1 독립변수 X값의 변화에 따른 실험 결과 Y의 변화

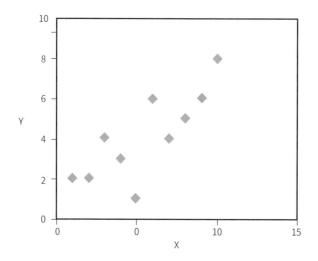

Fig. 6-1 독립변수 X값의 변화에 따른 실험 결과 Y의 변화

하는 관계를 더욱 명확하게 확인하게 됩니다. 이런 식으로 실험 데이터를 보여주는 것을 '데이터의 시각화data visualization'라고 부릅니다. 이처럼 그래프는 X와 Y 변수 사이의 관계나 시간의 흐름에 따른 변수 변화를 한눈에 이해할 수 있는 '직관성'이라는 큰 장점이 있습니다.

이 실험 결과를 보고 X값이 커지면 Y값이 증가한다는 정도로는 결과 해석이 충분하다고 볼 수 없습니다. X값이 증가하면 Y값이 왜 증가하는지 설명하는 실험 결과 해석이 필요한 것입니다.

실험 결과 해석

Fig. 6-2는 Fig. 6-1의 실험 결과를 가지고 그 추세선trend line을 그

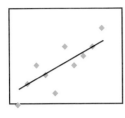
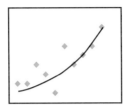
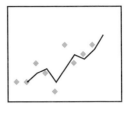

실험한 학생 생각
'예상대로' 선형
상관관계가 보인다.

지도교수 생각
지수함수적으로
증가하는데?
완전히 새로운 결과다!

논문 심사자 시각
실험 데이터가 엉망이고
의미가 없어 보인다.

Fig. 6-2 실험 결과 해석의 비교

려 보여줍니다. 추세선은 X값의 변화에 따라 실험 데이터인 Y값이 어떤 형태로 변하고 있다고 생각하는지 알려줍니다. 실험한 학생은 'X값에 비례해서 선형적linear으로 Y값이 증가한다'라고 생각하고 있습니다. '선형적'이라는 용어는 직선의 모양을 가진다는 의미입니다.

그런데 지도교수는 똑같은 데이터를 보고도 'X값 증가에 따라 지수함수적exponential으로 Y값이 증가한다'라고 생각합니다. 하지만 논문을 제출했더니 논문 심사자에게 이 실험 결과가 일관성도 없고 의미 없는 데이터라고 지적당할 수도 있습니다.

가설 검증

그래프 설명에서, 어째서 학생은 'Y값이 X값에 선형적으로 비례해서 증가한다'라고 생각했을까요? 학생은 무의식적으로 이미 그렇게 생각하고 있었고, 그 생각(가설)에 따라 실험 결과를 예상했기 때문에 이 결과를 보고 가설과 같다고 생각한 것입니다. 한편 지도교수는 학생과는 달리 '지수함수적으로 증가한다'라는 가설을 생각했던 것 같습니다.

그래프에서 추세선의 형태를 어떻게 바라보는가 하는 것은 결국 이 실험에 어떤 가설을 사용했는지를 뜻합니다. 즉 학생은 Y값이 X값에 (선형적으로) 비례하여 증가한다는 가설을 세우고 실험한 것이고, 이 실험 결과를 선형적으로 비례한다고 바라본 것입니다. 다시 말해서 어떤 가설을 사용했느냐에 따라 실험 결과를 해석하는 데 큰 차이가 생기는 것입니다.

그렇다면 어떤 추세선, 어느 가설이 더 사실에 가까운 것인지는 어떻게 알 수 있을까요? 실험 결과를 해석하는 데는 이론과의 적절한 조화, 즉 이론에 근거한 실험 결과의 논리적 분석과 설명이 필요합니다. 실험을 하기 전에 가설의 논리적 이유, 즉 이론을 잘 생각하라는 것은 실험 결과로 그 가설을 입증하는 과정에 필요하기 때문입니다. 실험 결과를 해석할 때 연구자가 겪는 어려움은 사전 지식이 부족해서, 즉 이론을 충분히 이해하지 못하기 때문에 비롯된 것입니다. 어떤 결과를 얻을지 예상하지 못한 채 실험하면, 괜찮은 실험 결과를 얻어도 의미를 해석하기가 어렵지요.

X값의 변화에 따라 Y값을 측정하는 실험을 준비했다면, 'X값에 따라 Y값이 변할 것이다'는 정도는 생각했을 것입니다. 딱 떨어지는

가설을 세운 것은 아니더라도, 이런 생각을 바로 가설이라고 하겠습니다. 하지만 막연한 가설은 이론, 즉 논리적 이유가 부족하다는 특징이 있습니다. 검증 실험 계획을 제대로 세우지 못하면, 실험에서 예상한 결과를 얻지 못했을 때 해석조차 어렵습니다. 특히 실험을 제대로 했는지 아닌지도 판단하지 못합니다. 결과를 해석하지 못하니, 실험 결과가 예상과 달라도 가설(또는 생각)을 바꾸거나 확장하여 다시금 실험해보려 하지 않는 경우가 많습니다.

비슷한 실험을 한 다른 연구에서 제시했던 가설 또는 이론을 자신의 실험에 적용할 수 있는지, 어떤 차이가 있는지를 검토해서 실험 결과를 잘 설명할 이론을 찾아야 합니다.

확증 편향 오류

가설을 검증할 때 주의해야 할 점은 확증 편향 문제입니다. 미리 머릿속으로 정해놓은 가설을 지나치게 확신하면 가설과 맞지 않는 실험 결과는 무조건 배제합니다. 그리고 일단 실험이 틀린 원인을 실험 조건이나 조작 실수처럼 우연적 요인에서 찾습니다. 가설에 맞는 결과가 나와야 한다는 강박관념이 있기 때문이죠. 예를 들어 학교 수업에서 하는 실험은 잘 알려진 현상이나 이론을 확인하는 것이라 실험 결과를 기존 이론에 끼워 맞추는 데 급급하기 쉽습니다. 그러나 실험을 통해 알아낸 사실만 정리하고, 왜 알려진 이론대로 결과가 나오지 않았는지 설명하는 것이 바람직합니다.

물론 가설을 바탕으로 실험 데이터를 해석하는 확증 편향을 완전히 배제하기는 쉽지 않습니다. 그래서 가설을 중심으로 결과를 해석할 수밖에 없다고 하더라도, 확인하기 위한 추가 실험이나 그 외의 다른 실험을 해볼 필요가 있습니다. 실험에서 예상한 결과가 고스란히 나오는 경우는 많지 않습니다. 그렇다면 모두 실패한 실험일까요? 필자는 "실패한 실험은 없다. 조건이 다른 실험일 뿐이다"라고 말하곤 합니다. 실패한 실험 결과를 기록하고 그 원인을 찾는 일은 연구자로서 과학적 사고와 통찰력을 기르는 좋은 습관이자 공부입니다.

다른 연구와 결과 비교

결과를 해석했다면 실험 결과를 비교해야 합니다. 자신의 실험 결과를 유사한 다른 연구 실험 결과와 비교해서 경향이 비슷한지 확인하는 것입니다. 다른 연구와 비슷한 결과가 나오는지 확인하고 안심하려는 것은 아닙니다. 그렇다면 왜 다른 연구와 비교하는 걸까요?

연구는 기존 지식을 기반으로 하는 것이지만, 기존 지식은 문제를 발견하고 연구를 시작하기 위한 선행 지식이지, 다른 논문의 실험 결과라는 좁은 범위를 의미하는 것이 아닙니다.

2020년 작성한 필자의 논문 중 Fig. 6-3을 예로 들어 설명해보겠습니다. 간단히 말하자면, 물질 A와 물질 B에 대한 실험 결과를 다른 논문의 결과와 비교한 그림입니다. 실험 조건 X값, 즉 물질의 표면적 변화에 따라 물질의 흡착량인 Y값이 어떻게 변하는지 비교했습니다.

실험 결과를 비교하는 것은 우선 실험 결과의 신뢰성을 확보하기 위해서입니다. 필자의 연구실에서 물질 A에 대해 실험한 Y값 결과(◆)를 다른 논문(Wang, 2019)의 결과(◇)와 비교했더니, 절댓값은 차이가 있지만 경향이 일치하는 것을 확인했습니다. 이 비교 결과는 필자의 실험 결과가 다른 논문과 수준과 경향이 비슷하다는 것을 보여줌으로써 결과의 신뢰성을 확보하려는 것입니다.

두 번째 목적은 경쟁 대상보다 좋은 결과라는 것을 보여주기 위

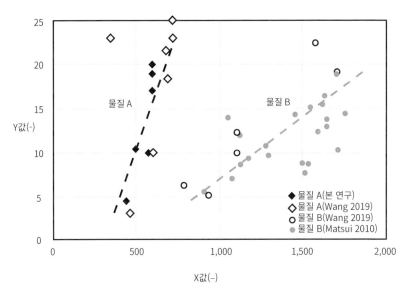

Fig. 6-3 실험 결과의 비교 예시

해서입니다. Fig. 6-3은 물질 A를 경쟁 물질 B와 비교하는데, 두 개 논문(Wang, 2019/Matsui, 2019)에서 물질 B를 실험한 결과를 정리한 결과입니다. 회색 원, 흰색 원으로 나타낸 물질 B의 실험 결과를 살펴보면 두 물질은 Y값이 5~20으로 비슷합니다. 그런데 물질 B는 1,000~2,000으로 큰 X값에서 이런 Y값이 나오는 반면, 필자의 연구에서 사용한 물질 A는 더 작은 X값인 500 부근에서 결과를 얻었음을 알 수 있지요.

결과에 대한 토론과 토의

논문에서 토론discussion이라는 부분에 해당하는데, 때로는 결과 및 토론results and discussion이라고 해서 실험 결과에 대한 설명과 토론을 묶기도 합니다. 사실 '토론'이라는 용어는 회의에서 사람들과 논의하는 과정을 뜻하므로, 혼동을 피하려면 논문에서는 '고찰'이나 '검토'라고 하는 편이 낫지 않을까 싶습니다.

질문이나 반론이 들어올 때

토론은 연구 결과에 대한 질문이나 반론에 잘 대응하고 결론을 끌어내는 과학적 추론 과정입니다. 결론(주장)에 대해 제시될 반론을 먼저 예상하고 이에 대해 설득력 있는 설명을 준비하면 좋은 논문 토론을 작성할 수 있습니다. 토론을 작성할 때는 예상 질문이 중요한데, 이때는 연구의 결론이 틀렸다고 가정해야 예상 질문을 잘 찾을 수 있습니다. 보통 자신이 한 연구 결과와 결론을 강하게 믿을수록 자신의 연구를 틀렸다는 관점에서 바라보기가 쉽지는 않습니다. 연구 결론을 초안으로 작성한 후, 논문의 독자(또는 논문 심사자)의 관점에서 할 만한 질문이나 반론을 예상해보고, 예상되는 반론에 대해 적절하게 대응하는 내용을 생각하면 논문 토론을 잘 작성하는 데 도움이 될 것입니다.

예상 질문(또는 반론)에는 두 가지 유형이 있습니다. 유형 1은 논증에 관한 질문이고, 문제와 주제, 결과에 관한 질문은 유형 2입니다. 유형 1은 논증 과정에 관해 주장(결론)이 명확한지, 이유가 논리적인지, 실험 결과의 질quality은 충분한지 등을 질문하는 것입니다. 예를 들면 "추가 실험이 더 필요하지 않을까?" "이 결과가 정확하고 정밀한 증거인가?" "대표성이 있는 증거라고 볼 수 있는가?" 등이 실험 결과의 질에 관해 독자가 던질 법한 질문입니다.

유형 2는 문제, 주제, 결과에 관한 질문인데, 연구 주제에 관해 다른 시각은 없는지, 제시하는 해결책보다 나은 방법은 없는지 등을 묻는 것입니다. "이 연구에서 해결하려는 문제는 실제로 얼마나 중요한 문제인가?" "그 문제를 해결하지 못하면 어떤 결과가 발생하는가?" "그 문제를 해결하는 데 얼마나 비용이 드는가?" 등이 문제에 관한 예상 질문입니다. 해결 방안solution에 관해서도 질문을 예상해볼 수 있습니다. "제시한 방안은 적절한가?" "그 방안만으로 이 문제가 해결되며, 예외나 한계는 없는가?" "다른 방안에 비해 얼마나 좋은가?" "비용이나 시간이 많이 들지는 않는가?" "그로 인해 새로운 문제를 초래하지 않는가?" 등입니다.

질문이나 반론에 대한 대응

연구의 신뢰성을 확보하려면 두 유형의 질문을 예상하고 이에 미리 대응해야 합니다. 예상 질문에 대한 답을 찾는 과정에서 논문의 연구 논증을 깊이 있게 검토할 수 있습니다.

토론에서 다루기에 적당한 질문은 이 연구에서 답하기 어려울 것으로 보이지만 실제로는 답할 수 있는 것입니다. 예를 들어 "이 연구의 해결 방안에 비용이 많이 들지 않는가?"라는 질문을 예상하고 비용 문제를 해결하는 방안이 연구에 이미 포함되어 있다면 토론에 포함시키는 것이지요. 비용이 많이 든다는 우려를 먼저 인정한 다음, 실제로는 비용이 많이 들지 않으며 왜 그런지를 설명한다면 좋은 대응이라고 할 수 있습니다. 하지만 더 많은 증거가 필요하다거나 결과가 충분하지 않다는 지적에는 대응하기가 쉽지 않습니다. 결과가 충분해야 한다는 지적에 대응하기 위해 추가로 새로운 증거를 얻으려면 처음부터 연구를 다시 해야 하는 것이나 다름없기 때문입니다. 이런 지적에는 실험 결과가 충분하지 않다는 한계를 솔직히 인정하고 대응하는 것이 좋은 전략입니다. 제기될 만한 반론, 연구의 한계를 먼저 인정하고 대응하면, 연구자가 문제나 한계를 이미 검토했다는 사실을 보여주기 때문에 논란을 완화하기도 합니다.

결론과 일반화

결론은 연구를 통해서 확인된 주장을 말합니다. 가설을 실험 결과로 입증했다면, 결론은 입증된 가설입니다. 파스퇴르 연구에서는 '미생물의 유입에 의해서만 미생물의 발생이 일어날 것이다'라는 가설을 실험을 통해 입증했으므로 '미생물의 발생은 미생물의 유입에 의해서만 일어난다'가 결론이 됩니다. '일어날 것이다'라는 가정적인 어미가 '일어난다'는 확정형 어미가 되는 것이죠.

귀납적 결론과 한계

파스퇴르 실험의 가설을 다시 살펴보겠습니다. 첫 번째 실험인 백조목 플라스크 내 영양액 실험의 가설은 '(공기 중에 존재하는) 먼지 속 미생물(효모)이 영양액에 들어가서 번식한다'는 것입니다. 실험했더니 '외부에서 미생물이 들어가지 못하도록 했을 때 설탕물에서 미생물 번식(효모 발효)이 일어나지 않는다'는 결과를 얻었습니다. 이 실험만으로 '미생물은 자연발생하지 않는다'고 일반화하여 결론을 내릴 수도 있을까요? 이렇게 관찰 결과를 추론해서 내리는 결론을 귀납적 결론inductive conclusion이라고 부릅니다. 귀납적 결론의 예시로 '모든 백조(고니)는 하얗다'라는 주장이 있습니다. 우리가 주변에서 볼 수 있는 백조를 관찰한 결과를 바탕으로 백조가 모두 하얗다고 일반화하는 것을 과학적 논증이라고 할 수 없습니다. 언제든, 어딘가에서, 한 마리만이라도 하얗지 않은 백조가 발견되면, 이 결론은 부정되기 때문입니다. 그러니까 귀납적 결론은 아직 일반화된 사실이라고 할 수 없습니다. 실제로 1697년 네덜란드의 탐험가 블라밍Vlamingh이 서부 오스트레일리아에서 흑고니를 발견하면서 '모든 백조는 하얗다'는 명제가 참이 아니라는 것이 밝혀졌습니다.

이와 마찬가지로, 파스퇴르의 첫 번째 실험에서 미생물 번식(효모 발효)이 일어나지 않았다는 결과만으로는 일반화된 결론을 내릴 수 없습니다.

결론의 일반화

한 가지 연구의 결론에서 나아가 현상의 원리와 법칙, 이론을 세우기 위해서는 일반화하는 연구가 필요합니다. 일반화된 이론이라면 이 이론을 바탕으로 다양한 상황에서 일어나는 여러 가지 현상을 예측하거나 설명할 수 있기 때문입니다.

파스퇴르는 소변을 이용한 두 번째 실험과 다양한 지역의 공기를 이용한 세 번째 실험에서 '미생물의 발생은 공기 자체에 의한 것이 아니다' '소변의 부패도 역시 미생물이 들어가서 일어난다'라는 결론을 얻고, 이를 일반화해서 생물의 자연발생설을 부인하고 생물속생설을 주장하였습니다.

추가 실험을 하기 전에도, 파스퇴르는 생물속생이라는 미생물의 발생 원리를 이미 확신하고 있었을 겁니다. 사실 연구를 시작하기 전에 가설을 세울 때 이미 가설을 확신해야 합니다. 본인이 확신하는 가설이 논문의 독자들에게 인정받을 수 있도록 연구를 구상하고 설계해서 수행하고 결과를 근거로 결론을 내리는 과정이 바로 연구인 것입니다.

●○○

과학 연구를 할 때는 관찰 결과를 바탕으로 일단 가설을 세웁니다. 가설이 어떤 원리를 바탕으로 하는지 논리적으로 추론하고, 예비 실험 결과를 바탕으로 가설을 수정합니다. 이렇게 가설을 세우고 입증하는 연구 방법을 귀추가설법abduction 또는 가설연역법이라고 하는데, 관찰을 바탕으로 수립한 가설을 실험으로 입증하는 연구 과정을 말합니다. 귀추가설법은 현재 연구자들이 많이 사용하는 연구 방법으로, 가설이 맞는다는 것을 전제로 이 가설에 따라 실험 결과를 예측하고 이를 실험을 통해 확인하여 결론을 내리는 것입니다.

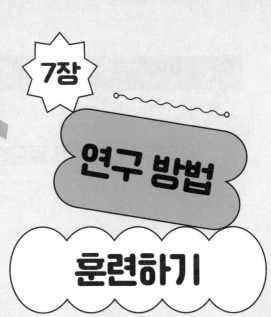

7장

연구 방법

훈련하기

1

연구에 훈련이 필요한 이유

연구란 해보지 않은 일을 하는 것인 만큼 좋은 결과가 잘 나오지 않는 것이 당연합니다. 원하는 결과를 쉽게 얻거나 연구가 잘되면 오히려 운이 좋은 것이지요. 연구의 이런 속성에 익숙해지기 전까지는 초보 연구자들은 당연히 실망하기도 합니다. 시행착오와 실패를 겪으면 좌절하고, 때로는 연구를 포기하고 싶을 수도 있습니다. 이렇듯 쉽지 않은 싸움을 해나가는 초보 연구자들에게는 훈련과 격려가 필요합니다.

이 장에서는 연구 훈련에 대해 설명합니다. 훈련은 영어로 트레이닝training이라고도 하는데, 연구 훈련은 연구에 필요한 지식과 능력을 익히고 교육받고 연습practice하는 것입니다. 연구에 훈련이 필요한 이유는 지식을 습득하는 데 그치지 않고 실제 연구를 통해 연구 방법을 익혀야 하기 때문입니다. 머리로 이해하는 것도 중요하지만, 연구 기능, 즉 실험 스킬은 연습을 통해 반복해야 익힐 수 있습니다. 그러므로 초보 연구자인 학생이 직접 연구에 참여하여 경험을 통해 좋은 연구자로 성장할 수도 있지만, 연구 방법을 체계적으로 훈련하는 과정을 거쳐야 합니다.

2

연구자가 되기 위한 훈련

　　그렇다면 연구자 훈련을 받으려면 어떻게 해야 할까요? 대학원에 가면 될까요? 물론 대학원에 가야만 연구하는 법을 배울 수 있는 것은 아닙니다. 요즘에는 대학생(학부)도 연구에 참여하며, 고등학교에서 하는 과제 연구도 있습니다(이 부분에 대해서는 장을 따로 할애해서 설명할 것입니다). 그렇다고는 해도 대학원이 본격적으로 연구를 시작하고 연구하는 방법을 배우는 과정이기는 합니다.

　　대학원은 무엇을 하는 곳일까요? 대학원은 연구자, 다시 말해 문제 해결자가 되기 위해 훈련하는 곳입니다. 대학원에 입학하면, 석사 과정master으로 2~3년, 박사 과정Ph.D.으로 짧게는 4년, 길게는 7~8년을 보냅니다. 대학원은 '연구를 혼자 해낼 수 있는 연구자로 학생을 교육한다'는 교육 목표를 가지고 있습니다. 대학원 과정을 마치면 연구자는 어떤 문제가 주어졌을 때 그것을 해결하고 그 해결 방법이 타당한지 여러 과학 이론과 실험을 통해 설명하고 증명할 수 있는 역량을 갖추는 것입니다. 이렇게 연구를 수행할 수 있는 사람이라는 자격이 '박사'라는 타이틀이 가지는 의미입니다.

대학원 과정에서는 연구자를 훈련하기 위해 어떤 과정을 거쳐 교육할까요? 전공 분야에 따라 차이가 나지만, 연구자를 훈련하는 관점에서는 세 단계로 교육이 이루어집니다.

초급 과정: 연구 스킬을 배운다

대학원에 막 입학한 석사 1년차라면 수업을 따라가는 것만으로도 정신이 없을뿐더러, 혼자서 연구를 수행할 능력은 없다고 봐야 합니다. 그래도 연구실의 프로젝트에 참여하고 지시받은 대로 실험하고 결과 데이터를 뽑는 등 다양한 작업을 합니다. 적어도 교수나 선배가 지시한 일이라도 제대로 하도록, 연구에 필요한 여러 가지 실험 스킬 또는 테크닉을 배웁니다. 이것이 1단계 초급 과정입니다.

이 시기의 초보 연구자는 실험 보조, 팀 미팅, 지도교수님과의 개인 미팅, 논문 읽기/요약, 세미나 참석 또는 발표 등에 참여합니다. 이런 활동은 연구를 위한 기초 스킬을 배우는 것입니다. 지도교수나 선배가 최소한의 지침을 가르쳐주고 나머지는 스스로 습득하도록 하는 경우가 많습니다.

어느 정도 기본 연구 스킬을 익힌 학생에게는 지도교수가 제시한 문제를 연구해보게 합니다. 실제로는 문제뿐만 아니라 해결 아이디어와 방법까지 모두 정해주고, 학생은 실험만 하지요. 이 과정에서 초보 연구자는 연구 수행 방법을 익힙니다. 직접 실험을 수행하면서 연구에 필요한 도구와 장치의 사용법을 익히고, 연구에 어떤 데이터가 필요한지, 연구 아이디어를 어떻게 구현하는지 경험합니다. 그리고 표와 그래프로 실험 결과를 정리하고 해석하여 지도교수와의 개인 면담에서 설명하거나 랩 미팅 발표를 하는 것 등이 초급 훈련 과정입니다.

중급 과정: 문제 해결 능력을 키운다

초급 과정을 거치며 실험을 할 기본을 갖췄다면, 새로운 연구 문제를 제시해서 이 문제를 해결할 아이디어와 연구 방법을 학생이 스스로 찾아내도록 훈련하는 것이 중급 과정입니다. 실험을 설계하고 구현하여 수행하는 단계죠. 학생이 직접 낸 아이디어는 아니지만 주어진 문제를 다루면서 문제 해결 역량을 키울 수 있습니다.

문제 해결 역량이란 무엇을 어떻게 해야 문제를 해결할 수 있는지 새로운 아이디어를 생각해내는 것입니다. 많은 시도와 실패를 경험하면서 문제를 푸는 방법을 직접 찾아내는 것이 핵심입니다. 기존의 기술을 상황에 맞게 적절히 수정하거나 보완하여 아이디어를 내고, 실험 계획을 수립하고, 실험을 수행하고 결과를 해석하는 능력을 키우며, 연구 경험이 쌓이는 단계입니다. 이 단계에서는 팀 미팅에서 적극적으로 연구 결과를 발표하고 논증하는 법을 연습하고, 논문을 작성하는 능력도 키워야 합니다. 문제 해결 역량은 연구자의 본질이고 성숙한 연구자로 성장하는 발판이 됩니다.

한편 실험 결과를 잘 해석하기 위해서 그 연구 분야의 일반 지식을 잘 이해해야 합니다. 그래서 중급 과정에서는 논문을 읽고 요약하는 수준을 넘어서 그 분야의 관련 지식을 정리해서 지식 지도 knowledge map를 작성할 수 있어야 합니다. '이 주제는 A에서부터 연구가 시작되었다. B 연구가 전환점이 되어, 최근 C, D, E 등의 연구가 진행되고 있다. 그러나 F, G, H 등에 관한 연구가 아직 더 진행되어야 한다'라는 식으로 내용을 정리한 지식 지도를 제시할 수 있어야 합니다(3장 연구 시작하기 참조).

상급 과정: 주도적으로 연구하는 법을 배운다

연구 훈련의 최종 단계인 상급 과정에서는 연구를 주도적으로 수행합니다. 스스로 연구 문제를 찾아내고 가설을 세우고 이 문제를 해결할 아이디어를 고안해서 실험으로 구현하고 가설을 입증하는 실험까지 전체를 수행하는 훈련을 합니다. 초급 과정에서 실험 스킬을 익히고 중급 과정에서 문제 해결과 결과 해석 역량을 키웠다면, 이제는 스스로 선택한 문제에 적용하여 결과를 내게끔 연구를 끝까지 해내는 경험과 연습을 합니다.

중요한 점은 주도적으로 문제를 찾아내야 한다는 것입니다. 가치 있고 의미 있는 문제를 찾으면 연구는 반 이상 성공한 것이나 다름없지만, 학생에게는 가장 부담스러운 과제이기도 합니다. 우수한 연구자가 갖춘 가장 중요한 능력은 의미와 가치가 있는 좋은 연구 문제를 선택하는 능력입니다. 연구 문제를 찾아내고, 그것이 왜 꼭 해야하는 연구인지 이유와 예상 결과를 제시하여 설득할 수 있어야 하는 것이지요. 따라서 상급 과정에서는 스스로 문제를 파악하여 제시하고, 실험을 계획하고, 실패하더라도 계획을 다시 수정해서 성공하는 경험을 통해 주도적으로 연구하는 능력을 갖추는 것이 궁극적인 목표입니다.

각 단계별 문제 유형

앞에서 살펴본 각 과정의 훈련은 목적과 내용에 맞도록 연구 내용과 문제 유형이 달라야 효과를 볼 수 있습니다. 연구 문제는 중요도와 난이도에 따라 세 가지로 나눌 수 있는데, ① 창의적이고 혁신적인 유형의 문제, ② 문제 해결 방법을 개선하는 유형의 문제, ③ 크게 중요하지는 않지만 결과가 잘 나오는 유형의 문제입니다.

아직 연구가 익숙하지 않은 초급자라면 크게 중요하지 않은 유형의 문제가 적절합니다. 연구 결과의 중요도는 낮을지 몰라도 비교적 실험을 수행하기 쉬운데, 논문을 낼 정도는 됩니다. 이런 유형의 문제를 연구하여 세미나 혹은 워크숍에서 논문을 발표하는 경험을 통해 초급 연구자의 수준을 넘어서 성장하는 것입니다.

대학원에서 하는 연구는 기존의 해결 방법을 개선하는 두 번째 유형의 문제가 많습니다. 즉 그 분야의 지식을 쌓고, 기존의 연구 결과를 바탕으로 더 나은 해결책을 찾아내는 연구입니다. 이 유형의 문제는 논문을 읽고 아이디어를 내고 연구 결과를 만들어내는, 문제 해결 방법을 훈련하는 중급 과정에서 다루기에 적합합니다.

첫 번째 유형의 창의적이고 혁신적인 문제는 아주 드뭅니다. 이제까지 그것이 문제라고 아무도 인지하지 못했거나, 누구도 생각하지 못한 새로운 기술을 개발하는 것이니까요. 모든 과학 연구자의 궁극적인 목표는 이렇게 현실에서 찾기 어려운 문제를 찾아내고 연구하여 인류의 삶에 변화를 가져오는 것입니다. 그러기 위해 연구에 몰두하는 것이고요. 대개는 현재의 기술을 개선하는 두 번째 유형의 연구를 많이 하면서 오랜 시간 연구를 통해 지식을 축적하여 그 분야를 깊이 이해하면 창의적이고 혁신적인 문제를 찾아내고 해결하는 훌륭한 연구 대가의 반열에 오를 수 있습니다.

대학원은 연구자를 훈련하는 곳이지만, 현재 훈련 과정은 체계적이고 효과적이지만은 않습니다. 초급 과정부터 상급 과정까지 연구 훈련의 목적과 내용은 달라도 실제로 연구하는 과정에서 훈련이 이루어진다는 공통점이 있습니다. 연구 스킬과 방법은 암묵적인 성격이 강하므로 강의나 설명만으로는 제대로 전달하기 어려운 노하우라서 연구를 보조하면서 어깨너머로 배워야 하는 경우가 많습니다. 도제식 교육이라고도 하는데, 이런 방식은 체계적으로 교육하기 어렵다는 한계가 있습니다. 그러므로 과학 연구하는 방법을 체계적으로 가르치는 연구 훈련과 같은 과목이 필요하다고 생각합니다.

연구에 참여하면서 좋은 교수님과 박사에게 보고 듣는 것은 좋은 훈련이 됩니다. 하지만 생각 없이 시키는 대로 하는 것으로는 단순히 스킬을 배우고 사용하는 데 머물 뿐이고 핵심적인 연구 역량을 쌓기가 어렵습니다. 연구 역량을 갖추려면 무엇보다 주도적이고 능동적으로 훈련하려는 노력과 의지, 끈기가 필요합니다.

연구자의 필수 역량

연구자가 갖춰야 하는 연구 필수 역량에는 무엇이 있을까요? 연구는 자연현상 또는 사회현상을 발견하고 그 현상이 일어나는 법칙과 원리를 일반화하기 위해 검증하는 체계적인 활동입니다. 그렇다면 연구 역량은 현상의 발견, 법칙과 원리 이해, 검증과 일반화 등 연구에 필요한 능력이겠지요. 171쪽 표에서는 연구자가 갖춰야 하는 필수 역량을 지식 습득 역량, 문제 파악 역량, 문제 해결 역량, 결과 해석 역량의 네 가지로 제시합니다.

지식 습득 역량은 연구자가 어떤 주제에 관해 연구를 시작할 때 그 분야의 연구 현황 자료를 조사하고 파악하는 데 꼭 필요합니다. 방대한 범위의 자료를 조사하고, 논문 내용을 이해하여 분석하는 역량이지요. 그러나 논문을 요약하고 정리하는 능력과 함께 비판적인 사고가 필요합니다. 유명하거나 권위 있는 연구자가 썼다는 이유로 누구나 인정하는 논문이라도 결과와 해석, 결론에 오류가 없는지, 그 근거를 확실하게 이해하기 전까지는 무조건 믿지 말고 살펴봐야 한다는 말이지요.

연구 현황을 어느 정도 파악한 후 연구 주제와 문제를 구체적으로 정할 때 필요한 것이 문제 파악 역량입니다. 연구 대상에 관한 이전의 연구들이 얼마나 진행되었는지 파악하고 논문을 비판적으로 읽어서 그 한계를 발견하여 문제를 도출하는 것으로, 문제를 선택하고 연구 주제를 선정하는 데 도움이 됩니다. 연구 제안서를 작성하거나 더 나아가 프로젝트를 기획하는 일도 문제 파악 역량을 키우는 과정입니다. 어떤 문제를 제시해야 하는지, 왜 이 연구를 해야 하는지, 연구의 중요성과 의미를 설득하기 위해서 어떤 근거와 논리가 필요한지 등을 찾아내는 훈련을 하여 이 역량을 키울 수 있습니다.

문제를 해결하는 것은 연구자의 임무이자 역할이므로 문제 해결 역량은 연구자에게 필수적입니다. 실험 계획을 수립하고 실험을 수행하며 창의적인 해결 방안을 제시할 수 있어야 하고 이에 필요한 실험 테크닉과 논리적 사고를 갖춰야 합니다. 문제 해결 역량을 훈련하기 위해서는 다양한 실험에 참여하고 그 결과를 비판적으로 해석하는 것은 물론이고, 그 과정에서 과학적이고 논리적으로 사고해야 합니다.

결과 해석 역량은 실험 결과를 해석하는 역량입니다. 연구자의 실력은 주로 이 역량에서 차이가 납니다. 데이터를 분석하고 표와 그래프를 의미 있게 작성하려면 실험 결과를 그래프로 그려보고 관련 이론에 기반하여 결과를 해석하는 훈련을 많이 해야 합니다.

이 네 가지는 연구를 수행하는 데 직접적으로 필요한 1차 핵심

연구 역량	필수 능력	기능(스킬)	훈련 활동	바람직한 태도
지식 습득 역량	논문 요약 능력 기술 지도 작성 능력 비판적 사고 능력	논문 읽고 이해하기/ 요약하기/기술 지도 작성	논문 읽기/이해/요약 훈련 일반 지식 이해 기술 지도 작성 훈련 비판적 사고 훈련	
문제 파악 역량	문제 선택 능력 연구 주제 선정 능력 프로젝트 기획 능력	주제/문제 파악 훈련	랩 세미나 참여/질문하기 랩 세미나 발표 연구 문제 선택 훈련 연구 제안/계획서 작성	연구 호기심 (흥미) 동기
문제 해결 역량	실험 계획 수립 능력 실험 수행 능력 연구 논증 능력	창의적 해결 방안 실험 스킬/테크닉 논리적 사고	다양한 연구/실험 참여 연구 스킬 훈련 창의적 해결 훈련 실험 계획 수립 과학적/논리적 사고 훈련 연구 논증 훈련	창의성, 능동성 자부심(자존감) 끈기(인내심)
결과 해석 역량	데이터 분석 능력	표·그래프 작성법 실험 결과 해석법 실험 결과 발표	표·그래프 작성법 실험 결과 해석 실험 결과 발표 훈련	
커뮤니케이션 역량	발표 능력 글쓰기 능력	발표 기법	논문 작성 참여 논문 직접 작성·투고 팀 미팅/개인 미팅 학술대회 참가·발표 학술 토론 참여 해외 연구실 방문 교류	연구 야망
협업 역량	팀워크 능력	팀 리딩 리더십	리더십 훈련 팀 간 크로스 미팅 타 분야 세미나 참석	리더십

연구자가 갖춰야 할 필수 핵심 역량

역량입니다. 그런데 이런 역량 못지않게 필요한 것이 커뮤니케이션과 협업 역량입니다. 연구를 수행하는 1차 역량을 하드 스킬, 대인 관계와 관련한 2차 역량을 소프트 스킬(또는 피플 스킬)이라고 부릅니다.

소프트 스킬은 다른 사람과의 관계와 상호 작용에 관한 것입니다. 예를 들어 커뮤니케이션 능력, 유연성, 리더십, 동기 부여 능력, 인내심, 설득 능력, 문제 해결 능력, 팀워크, 시간 관리, 직업윤리 등이 여기에 포함됩니다. "연구자는 연구 결과만 잘 내면 되지 않아?"라고 반문할 수도 있습니다. 하지만 연구자는 연구 기획과 제안서 발표를 통해 다른 사람을 설득해야 합니다. 그러려면 발표 능력, 논문과 보고서 작성 능력을 키워야 합니다. 팀이나 학과에서의 세미나 발표, 팀 미팅/개인 미팅을 적극적으로 준비하고 열심히 참여하는 것은 커뮤니케이션 능력을 키우는 데 좋은 훈련이 됩니다.

특히 협업 역량은 팀을 이끌고 수행하는 대형 과제 연구에서 힘을 발휘하는 역량입니다. 동료와 선후배와의 협업을 통해 팀워크 능력, 리더십 등을 키울 수 있지만, 이외에도 팀 간 크로스 미팅, 외부 세미나 참석, 해외 연구실과의 교류, 학술대회 참석 등을 통해서도 적극성과 리더십을 키울 수 있습니다.

4

연구자를 위한 조언

0단계: 연구자를 꿈꾸는 분들

과학 연구자의 삶을 꿈꾸고 있다면 연구에 관해 궁금한 점이 많을 겁니다. 그중에서도 연구자가 되기 위한 조건이나 자질이 따로 있는지 많이 궁금할 겁니다. 물론 연구자가 되기에 좋은 조건이 있습니다. 머리가 좋고 공부를 잘하면 연구하는 데 유리하겠지요. 하지만 이러한 조건보다도 중요한 것이 있습니다. 바로 연구자가 되고 싶은 동기가 있는지 여부입니다. 연구자로서 확실한 동기가 있으면 연구 과정에서 어려움을 겪어도 쉽게 포기하지 않는 끈기와 인내심을 가질수 있으니, 가장 중요합니다. 이제까지 풀리지 않은 어려운 문제에 도전하여 풀어보고 싶다는 마음이 있다면 연구자로서의 자질은 충분합니다. 읽기, 쓰기, 탐구하기를 좋아한다면 금상첨화겠지요.

이 세상에는 사람들의 삶을 더 나아지게 하려면 해결해야 하는 문제가 산적해 있습니다. 그리고 어려운 문제든 쉬운 문제든, 연구를 통해 해결해가는 과정 자체에 큰 의미가 있고요. 그러므로 연구하고 싶은 마음이 있다면 누구든 연구자의 길을 권하고 싶습니다.

1단계: 초급 연구자

대학원에 막 입학한 학생이라면 연구에 관해 아무것도 모르는 상태에서 '맨땅에 헤딩'하는 식의 경험을 많이 합니다. 실험 보조 등의 일을 어쩔 수 없이 해야 하는 잡일로 여기고 의무감에 억지로 해내는 경우도 있을 겁니다. 내 연구와는 상관없는데 시간과 노력을 빼앗긴다고 생각하면 집중하기가 어렵습니다. 앞으로 어떤 일이나 연구를 하게 될지 모르는데, 이런 일이 정말 도움이 될지 의심스러울 겁니다.

하지만 이 과정을 경험하는 것이 굉장히 중요합니다. 이 과정에서 연구에 필요한 기능을 익히고, 연구에 어떤 실험 데이터가 필요하고 어떤 방식으로 아이디어를 구현하는지 배우기 때문입니다. 더욱이 앞으로의 연구 주제는 연구실에서 지금 하고 있는 연구에서 크게 벗어나지 않고 연구실의 문제 해결 방법을 자신도 활용하게 되므로, 앞으로 어떤 연구를 하든 이 과정에서 경험하고 배운 것을 활용할 기회가 반드시 옵니다. 그러므로 앞으로 나의 연구에 중요한 밑바탕이 될 것이라고 여기고 다양한 연구 활동을 폭넓게 경험하세요.

두 번째 조언은 논문을 쓸 기회가 있다면 적극적으로 참여하라는 것입니다. 사실 처음 대학원생이 되면 자신이 한 실험이라도 직접 논문을 쓰는 일은 거의 없습니다. 대개 교수나 연구실 선배가 쓰는 논문에 참여저자가 되는데, 그렇더라도 적극적으로 참여하는 것이 좋습니다. 물론 논문을 직접 쓸 기회가 생기면 더욱 적극적으로 도전하는게 좋겠지요. 학술지에 낼 만한 수준의 논문을 쓸 자신은 없지만, 처음부터 마무리까지 논문을 작성하는 과정의 경험은 나중의 연구를 위해 중요하고도 좋은 훈련이 됩니다.

2단계: 중급 연구자

연구에 필요한 실험 도구를 잘 다룰 정도가 되면 중급 연구자라고 할 수 있습니다. 이 단계의 학생들은 연구자라는 정체성을 키워야 합니다. 지도교수가 정해준 연구 주제라고 해도, 스스로 연구자라는 생각으로 연구 과정 전체를 주도적으로 해결하는 연습을 해야 합니다.

이때 혼자서 논문을 작성하는 훈련을 하는 것이 좋습니다. 실험 결과를 충분히 얻기 전이라도 과감하게 논문을 써봅니다. 서론을 쓰면서 연구의 배경과 문제의 정의를 자세히 살필 수 있고, 실험 방법을 설명하면서 이 방법이 연구에 적절한지 고민하게 됩니다. 여기에 실험 결과를 추가하고 결과를 해석하고 결론을 도출해서 논문을 완성합니다. 물론 학술지(저널)에 제출하더라도 거절당할 수 있습니다. 그러나 논문 리뷰어(심사자)들의 코멘트는 새로운 연구 아이디어가 되어 연구에 도움이 될 것입니다. 그러면 새로운 해결 방법을 생각해낼 수 있고, 다시 실험을 거쳐 그 결과를 바탕으로 또다시 논문을 작성하고 제출해봅니다. 그런 과정을 경험하면, 연구자에게 필요한 끈기와 창의성이 길러질 것입니다.

이렇게 연구하는 과정에서 다른 연구자들은 어떻게 생각하고 행동하는지 접할 필요가 있습니다. 연구실에서 하는 연구 방향과 방법에만 몰입하기보다는 다른 연구실의 방식에 마음을 열어 받아들이는 것입니다. 그리고 기회가 주어지면 연구 방향과 방법을 과감하게 바꾸는 열린 마음이 필요합니다.

무엇보다 시간 낭비를 두려워하지 않아야 합니다. 연구에 몰두하다 보면 늘 시간이 부족하지만, 마음의 여유를 잃지 않고 지금 하는 연구의 의미나 한계를 생각해볼 필요가 있다는 말이지요.

직접 논문을 써보면서 다른 연구 방법을 열린 마음으로 받아들이고 현재 하고 있는 연구의 의미를 다시금 짚어볼 여유를 가진다면, 본격적으로 자신만의 연구를 할 단계에 접어들 준비가 된 것입니다.

3단계: 상급 연구자

상급 연구자가 되면 연구 주제를 스스로 찾아내서 주도적으로 연구해야 합니다. 이때 연구 주제를 성급하게 정하지 말고 잘 선택해야 합니다. 연구 주제가 그럭저럭 괜찮아 보이면 빨리 연구를 시작하고 싶은 마음에 조급해집니다. 그렇기 때문에 충분히 시간을 들여 주제를 결정하는 것이 말처럼 쉽지 않습니다. 하지만 먼저 떠오르는 문제라고 덜컥 연구 주제로 정하지 말고, 충분히 시간을 가지고 그 문제를 포함하여 다양한 연구 방법과 가능성을 검토해야 합니다. 실험이 몇 달이면 끝날 것 같지만 실제로는 몇 년이 걸릴 수도 있으므로, 성급하게 선택하면 어려움을 겪을 수 있습니다. 따라서 좋은 문제를 찾는 데 충분히 시간을 들이면 오히려 시간을 아끼는 결과가 되기도 합니다.

또한 커뮤니케이션 스킬을 포함한 대인 관계 역량을 갖추려 노력해야 합니다. 연구자는 하드 스킬뿐 아니라 소프트 스킬도 필요하며, 두 가지를 잘 사용하여야 좋은 결과를 얻을 수 있습니다.

●○○●

박사학위를 받으면 대학교수가 되거나 연구소의 선임·책임연구원이나 기업의 연구 개발자 등 본격적으로 전문 연구자의 길로 들어서게 됩니다. 무슨 일을 하든 연구자에게 가장 중요한 경쟁력은 연구 수행 역량입니다. 주제를 선택하고, 그 주제의 연구 필요성을 설득하여, 연구에 필요한 자원(연구비, 시설, 인력)을 확보하고, 연구를 수행해서 결과를 얻고, 연구의 결론을 내고 마무리하는 일이 연구자가 하는 주요 업무입니다. 초급 과정(연구 스킬 습득), 중급 과정(논문 작성법, 다양한 연구 방법 익히기)을 거쳐 상급 과정(주제 선택 역량·커뮤니케이션 역량·협업 역량 키우기)까지 마치면 자기 몫을 다하는 연구자로 훌륭히 성장할 것입니다.

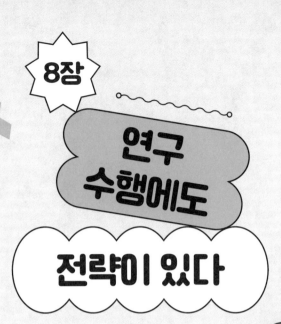

8장

연구
수행에도

전략이 있다

　　필자는 2012년부터 대학원에서 '환경에너지 연구 수행 전략'이라는 수업을 강의하고 있습니다. 과목명에서 알 수 있듯 이 강의는 환경에너지라는 분야의 연구 전략research strategy을 다룹니다. 연구 분야에 따라 구체적인 연구 방법이 조금 다르기는 하지만 공통으로 포함되는 요소들을 다음에 정리했습니다.

전략과 전술

경영 전략, 사업 전략, 선거 전략, 국가 전략 등 전략이라는 말은 다양한 분야에서 많이 사용됩니다. 사전적으로 전략戰略, strategy은 '본래 특정한 목표를 수행하기 위한 행동 계획을 가리키는 군사 용어로, 전투 수행에 관련한 전술戰術, military tactics과 구별된다'라고 정의됩니다.

전략은 미래가 불확실한 상황에서 목적을 달성하기 위한 높은 수준의 계획을 수립하는 것이므로, 연구 수행 전략은 연구의 목적을 달성하기 위한 실행 계획을 수립하는 것이라고 할 수 있습니다.

그에 비해 전술은 전략을 실행하는 구체적인 활동이나 그 방법입니다. 계획에 따라 목적을 달성하기 위해 실행하는 행동 또는 수단을 가리키지요. 즉 전략이 어디서Where, 무엇을 할 것인가What to do를 결정한다면, 전술은 어떻게 할 것인가How to do를 정하는 것입니다. 그러므로 전략을 수립할 때는 왜 그 목적을 달성해야 하는지Why we do를 명확하게 해야 합니다. "전략이 없는 전술은 산만하고, 전술이 없는 전략은 공허하다"라는 말이 있듯이, 목적을 제대로 이루기 위해서는 전략과 전술의 연계와 조화가 중요합니다.

연구 전략을 수립하는 법

연구 전략이 필요한 이유

연구에 전략이 필요한 이유는 무엇일까요?

첫째, 자원이 제한되어 있기 때문입니다. 연구에서 자원이라면 시간과 연구비, 연구 인력을 뜻합니다. 자원을 무제한으로 쓸 수 있다면 특별한 전략이 필요 없지만, 주어진 자원은 한정적이므로 제한된 자원을 어떻게 투입하여 연구할 것인지 계획을 세워야 합니다. 전략이 효과적이지 않으면 주어진 자원을 효율적으로 배분하기 어렵고 시간 내에 목적을 이루기가 어렵습니다.

둘째, 자원은 유한한데 경쟁은 무한하기 때문입니다. 수많은 연구자가 열심히 연구합니다. 그러므로 다른 연구 방법을 따라 하거나 자원을 생각 없이 낭비하면 경쟁에서 이기기 어렵습니다. 무언가 남다른 차별점이 있어야 합니다. 따라서 연구 전략은 유한한 자원을 어떻게 효과적으로 배분해서 무한한 경쟁에서 이길지 고려해야 합니다.

연구 전략의 구성 요소

이렇듯 연구 목적을 달성하기 위해 효율적이고 효과적으로 연구 과정을 계획하는 일이 연구 수행 전략을 짜는 것입니다. 연구 전략을 구성하는 요소는 연구자를 비롯하여 연구 목적, 연구 영역, 경쟁 상대이며, 이 요소들을 잘 이해해야 전략을 제대로 세울 수 있습니다.

각 요소를 좀 더 살펴볼까요? 185쪽의 그림은 연구 미션, 목적과 목표, 전략과 전술의 관계를 도식화한 것입니다. 미션mission은 과학 연구라는 임무이고 목적goal은 자연현상의 이해입니다. 연구 전술tactics을 효과적으로 수행해서 단계별 목표를 달성함으로써 연구 목적에 도달하는 계획이 연구 전략입니다.

연구 전략의 첫 번째 요소는 명확한 목적입니다. 예를 들면 기후 위기 해결, 전기자동차용 배터리 개발 등 연구의 목적을 먼저 정해야 합니다. 과학 연구라면 자연현상 이해, 기술 개발 연구라면 신기술 개발, 제품 개발 연구라면 신제품 개발 등 목적이 결정되면 이를 달성하기 위한 전략을 수립하는 것입니다.

다음으로는 연구 영역과 그에 따른 상대를 생각해야 합니다. 기업의 연구 개발이라면 고객과 고객의 문제 해결이 추가될 수 있습니

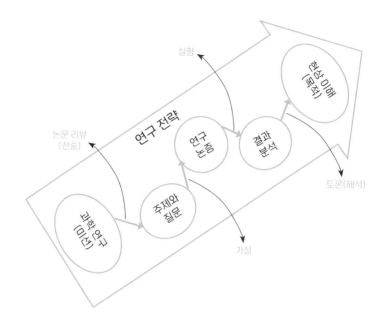

연구 전략의 구성 요소

다. 전쟁에서의 전략에는 전쟁터가 어디인지, 즉 벌판에서 하는 전투인지, 성을 공략하는 공성전인지가 중요 변수가 되듯, 연구에서도 어떤 영역에서, 무엇으로, 어떤 상대와 경쟁하느냐에 따라 전략이 달라져야 합니다. 그러므로 소재 연구인지, 생산 공정을 개발하는 연구인지, 제품 개발 연구인지 등 연구 영역을 명확하게 해야 합니다.

　　마지막으로 연구를 수행하는 주체 또한 중요한 요소입니다. 즉 연구자 또는 연구 팀에 어떤 자원이 있고 이를 어떻게 활용하는지가 중요합니다.

'지피지기知彼知己면 백전불태百戰不殆'라고 하여 '상대를 알고 나 자신을 알면 백번 싸워도 위태롭지 않다'라고 하는데, 이처럼 나 자신과 경쟁 상대(경쟁 기술)를 파악하는 것은 연구 전략의 근본 요소입니다.

가장 중요한 연구 자원은 사람

연구 현장에 있는 박사들은 연구에서 무엇보다 중요한 것이 연구를 직접 수행하는 인력이라고 토로합니다. 연구실에 우수한 연구자들이 있어야 좋은 연구 결과가 나오는 것은 당연합니다. 즉 우수한 연구원, 학생이 필요하다는 말이겠지요. 물론 그중에서도 가장 중요한 것은 연구팀을 이끌어가는 리더, 즉 교수와 박사입니다. 연구팀 리더라면 10~15년 이상 한 분야만을 집중적으로 연구하고 타 분야 연구자들과도 적극적이고 능동적으로 협력하는 능력이 있는 전문가여야 합니다.

그 외에 중요한 요소가 있다면 연구실 문화입니다. 공정한 연구 평가, 성과에 대한 적절한 보상, 충분히 시간을 두고 결과를 기다려주는 문화, 구성원 간의 신뢰 등이지요. 또한 국제 교류, 지식과 정보를 폭넓게 공유하려는 기조가 연구실의 성장과 발전을 가져옵니다.

필자의 연구실에서 지난 20여 년간 좋은 연구 결과를 낼 수 있었던 것은 필자와 함께 열심히 일했던 연구원들, 포스트닥(박사후연구원)들, 학생들 덕분입니다. 함께해준 모든 연구원들에게 다시 한번 감사드립니다.

　다음으로 중요한 자원은 연구 인프라입니다. 연구 아이디어를
실제로 구현하기 위한 실험실, 장치, 장비 등을 말합니다. 하지만 인
프라와 인력을 갖추려면 가장 중요한 것은 연구비입니다.

좋은 연구 전략

나쁜 전략

좋은 전략이 무엇인지 설명하기 전에 나쁜 전략이 무엇인지 살펴보겠습니다. "모든 것을 잘하겠다" "더 열심히 하겠다"라며 선언적 구호를 내세우거나 추상적인 목표를 세우는 전략이 많습니다. 예를 들면 "논문도 게재하고, 특허도 출원하고, 기술 이전도 하자" "다른 연구실보다 더 열심히 하자" "올해는 효율적으로 연구실을 운영하자"라는 주먹구구식 목표를 과연 전략이라고 부를 수 있을까요? 리더가 상황을 잘못 인식하면 이런 나쁜 전략이 나옵니다.

좋은 연구 전략

연구에서 전략이 필요한 것은 자원이 제한적이기 때문인데, 우선 연구비, 인력 등 자원 배분의 관점에서 연구 전략을 생각해봅시다. 연구 중에 어딘가에 자원을 사용하면 다른 데 사용하기가 어렵습니다. 연구 인력도 마찬가지입니다. 한 프로젝트에만 집중하면 좋겠지만 다른 연구 프로젝트에도 참여할 수밖에 없습니다. 그런 경우에는 집중도 저하와 비효율을 피하기가 어렵겠지요. 따라서 연구비, 인력 자원을 가장 효과적으로 사용하기 위한 전략을 세우고, 자원을 추가로 투입하지 않아도 목표 달성에 문제가 없는지 판단해야 합니다. 전략을 잘 세우려면 판단 기준이 있어야 합니다. 즉 좋은 연구 전략은 자원 투입 기준을 효과적으로 제시하고 연구팀의 구성원들이 받아들일 수 있어야 좋은 전략입니다.

두 번째로 좋은 전략은 경쟁에서 이길 수 있는 전략입니다. 지금의 경쟁자 또는 경쟁 기술을 이기지 못하는 전략은 당연히 나쁘지만, 지금의 경쟁자는 제치더라도 후발 경쟁자가 쉽게 따라잡을 수 있는 전략으로는 우위를 유지할 수 없습니다. 미래를 대비하는 차별화된 전략이 필요하다는 말입니다.

세 번째로 좋은 연구 전략은 실현 가능성이 높은 것입니다. 현재 가진 자원으로 실행할 수 없는 계획이라거나 지금은 가능하지도 않은 허황한 계획, 또는 당장 할 수는 있지만 지속 불가능한 계획은 좋지 않습니다. 예를 들어 수억의 연구비를 투입해서 장비를 사들여야만 수행할 수 있는 연구라든지, 국내를 목표로 개발하는 제품인데 뜬금없이 세계 시장에 바로 진출하겠다고 선언한다든지 하는 계획은 당연히 좋은 전략이 아닙니다. 현재 실현할 수 있는 일에서 출발해서 단계적으로 확장해나갈 수 있는 전략이 좋습니다.

4

대학의 연구 전략

대학은 교육에 중점을 두는 곳

먼저 대학에서의 연구 전략을 살펴보겠습니다. 대학에서 하는 연구의 근본적인 목적은 교육이라는 점을 인정해야 합니다. 대학의 교수는 교육자라는 역할을 해야 하므로 학생이 졸업한 후 사회 구성원으로서 역할을 담당할 수 있도록 교육해야 합니다. 한편 대학원 중심 대학에서는 연구자의 역할도 강조됩니다. 그러나 대학교수는 연구자보다 교육자라는 역할이 더 중요합니다. 대학원생들이 독립적인 연구자로 성장하도록 교육하기 위해 연구를 하는 것이라는 사실을 잊어서는 안 됩니다.

박사학위를 받은 후 대학교수가 되길 바라는 학생도 있지만, 가르치는 일에 재능이 없거나 학생들에게 관심을 쏟고 헌신하는 일에 관심이 크지 않다면 교수직을 추천하고 싶지 않습니다. 특히 명예나 안정된 삶을 기대하며 교수가 되겠다면 말리고 싶습니다.

필자의 생각에는 박사학위 후 연구소에서 공학 연구를 10년 정도 하고 기업에서 기술 개발, 제품 개발 연구를 10~15년 정도 한 후 대학에서 10년 정도 강의하는 것이 가장 바람직하지 않을까 합니다. 국가적으로도 연구자를 훈련해서 가장 잘 활용하는 방식이 아닐까요? 필자가 젊은 연구자이던 시절에는, 이미 알려진 지식을 학생들에게 전달하는 것이라고 생각해서 교수직이 그다지 끌리지 않았습니다. 그보다는 새로운 제품을 설계하고 만들어내는 기업의 현장에서 일하고 싶었습니다. 평생 연구소에서 근무하고 있지만, 처음 10년간은 연구소 자체의 프로젝트로 과학, 공학 연구를 했고, 그다음에는 기업 수탁 프로젝트로 자연스럽게 연결되어 제품 기술 연구를 했고, 지금은 매 학기 대학 강의를 하고 있으니, 완벽하지는 않아도 스스로 바람직하다고 생각한 커리어 패스를 따라가고 있는 셈입니다.

대학의 연구 멘토링

학생들이 대학원에 진학하고 석박사 과정을 시작할 때는 전문가가 되어 안정적인 삶을 영위할 거라고 기대하는 경우가 더 많고, 연구자가 되고 싶다는 동기는 상대적으로 적은 것 같습니다. 하지만 석박사 과정을 거치면서 연구자들과의 교류를 통해 연구자라는 정체성이 형성되고, 그 분야의 전문가로 성장하는 경우가 많습니다.

연구자들은 과학적 발견의 즐거움, 즉 세상 누구도 알지 못하는 것을 발견하는 희열을 느낍니다. 따라서 대학 연구실에서는 연구자(학생)의 생각을 존중하는 환경을 형성하고, 다양한 배경과 관점을 가진 우수한 학생들이 적극적으로 토론에 참여하여 창의적인 새로운 아이디어를 끊임없이 내게끔 해야 합니다. 특히 학생이 연구하는 기쁨을 느끼도록 한다면 교수가 멘토의 역할을 잘하는 것입니다. 좋은 교수는 학생을 동료 연구자로 인정하고 독립적으로 연구를 수행할 기회를 주어야 합니다.

경쟁이 치열해짐에 따라 연구 과제 지원을 계속 받기 위해서, 교수나 연구실 책임자가 학생의 연구를 지나치게 간섭하고 어떤 실험을 할지 일일이 지시하고 결과를 보고받는 마이크로매니저^{micromanager}가 되기도 합니다. 이렇게 기능직처럼 연구하는 것은 학생 본인은 물론 연구실에도 좋지 않습니다. 독립적으로 연구해본 경험이 충분하지 않으면, 학생이 나중에 스스로 연구를 해야 할 때 어려움을 겪게 됩니다.

연구소의 연구 전략

연구소의 연구는 대학 연구와 기업 연구의 중간에 있습니다. 분야에 따라 다르기는 하지만, 연구소에서는 기초과학 연구부터 제품 개발에 이르기까지 폭넓게 연구합니다. 제품 개발을 위한 프로젝트라도 때에 따라서는 기초과학 연구와 기술 개발이 포함되기도 합니다. 따라서 연구소의 연구는 먼저 목적을 명확하게 설정하고, 목적에 따라 전략을 세워야 합니다,

일방향 연구 모델

흔히 기초과학 연구, 공학 원리(원천기술) 연구, 기술 개발 연구, 제품화 연구의 순서로 연구가 단계적으로 진행된다고 여기는데, 이런

연구 개발 모델을 일방향 연구 모델이라고 합니다. 기초과학 연구를 통해 발견한 현상을 현실에서 이용할 수 있도록 공학 원리를 연구하고, 그 원리를 실제로 적용해서 기술을 개발하면, 그렇게 개발한 기술을 제품 또는 서비스에 적용하여 제품화, 상용화 연구를 하는 식이지요. 일반적으로는 이것이 맞는 모델이라고 하는데, 정말 그럴까요?

연구소에서 수행하는 연구 유형을 분류하여 과학 연구(유형 1), 공학 원리 연구(유형 2), 기술 개발 연구(유형 3)와 제품화 개발 연구(유형 4)라고 합시다. 그리고 실제로 기술 개발 연구가 어떤 순서로 진행되는지 설명하겠습니다. 지난 10년 동안 필자가 해온 환경 촉매 소재 연구, 그중에서 특히 담배 연기를 분해하는 나노 촉매 연구를 예로 들어보겠습니다.

필자가 수행한 환경 촉매 소재 연구는 2000년경에 하던 소각로 배출가스 대기오염물질 처리라는 대형 과제 중의 소주제로 시작했습니다. 그러면서 촉매 성분을 휘발시켜 기상에서 합성한 이산화티타늄 입자 소재의 촉매 특성이 우수한것을 발견했습니다. 이런 촉매의 특성 원리를 연구(유형 2의 공학 원리 연구)한 결과를 바탕으로 이 소재를 기반으로 합성한 망간산화물 촉매 소재를 실내오염물질인 휘발성 유기화합물VOCs 분해라는 전혀 새로운 분야에 적용하는 연구를 수행(유형 3의 기술 개발 연구)하였습니다. 그 과정에서 촉매 표면의 실내 오염물질 제거 반응의 메커니즘을 연구(유형 1의 과학 연구)했고, 다시 촉매 입자의 구조와 성분 비율에 따라 특성이 어떻게 달라지는지 연구(유형 2)하고, 촉매 합성 방법, 촉매 코팅 필터 제조 방법과 소재의 대량생산 기술을 연구(유형 3)하였습니다. 마지막으로, 기업과 기술 이전 계약을 하고 상용화를 위한 성능 스펙을 만족시키기 위해 제품 연구(유형 4의 제품화 개발 연구)를 하였습니다. 지금은 성능에 결정적인 영향을 미치는, 표면 특성에 촉매 구조가 미치는 영향을 연구(유형 1)하고 있습니다. 그러니까 이 연구의 경우에는 기술 개발⇒공학 원리⇒기술 개발⇒과학 연구⇒기술 개발⇒제품 연구⇒과학 연구의 순서입니다. 이처럼 일방향이 아니라 왔다 갔다 하며 순서가 섞이기도 합니다.

그런데 과학자가 아닌 분들에게는 일방향 모델로 간단하게 설명할 때가 많습니다. 실제 연구 과정에서의 실패와 실험에서 나온 의외의 현상을 이해하기 위해 처음으로 돌아가서 반복하는 연구 등에 대한 설명은 생략되곤 합니다. 현장에서는 기술 개발에서 꽤 좋은 결과가 나오면 왜 그 결과가 나오는지는 잘 모르더라도 그 기술을 제품 개발(유형 3)에 일단 적용하는 일이 많긴 하지만요.

연구소에서는 ① 해결책이 될 기술을 개발하고, ② 그 기술의 원리에 관한 질문의 답을 찾는 과학 연구를 하고, ③ 그렇게 밝혀낸 현상과 메커니즘을 기술에 적용하고, ④ 다시 그 기술 또는 제품이 가진 문제점을 찾고, ⑤ 그 문제를 극복하는 해결책을 찾는 연구를 합니다. 이렇게 연구는 꼬리에 꼬리를 물고 끝없이 이어집니다.

기술 개발에서 과학 연구의 역할

문제의 해결책을 만들어내는 것이 기술 개발 연구의 주 목적입니다. 문제를 해결하고 원하는 성능을 내는 기술을 개발하는 것이지요. 그렇다면 어느 정도 수준으로 개발해야 할까요? 기존의 기술에 비해 20퍼센트 더 우수하면 충분할까요? 아니면 50퍼센트 이상? 필자는 기존 기술과의 경쟁에서 이기기 위해서는 "핵심 성능이 10배 이상 뛰어난 기술이라야 된다"라고 학생들에게 이야기합니다. 이 기술을 적용한 제품이 생산되어 시장에 나가기까지 적어도 몇 년은 걸린다는 점을 생각하면 이미 자리 잡고 있는 기존 제품과 기술, 기업을 그만큼 크게 앞선 성능을 가진 기술을 목표로 삼아야 합니다.

그런데 어떤 특성이 10배 이상 뛰어나다면 근본적인 차이와 원인이 있다는 의미입니다. 따라서 현상과 메커니즘을 명확하게 이해하기 위한 과학 연구를 하고, 그 이해를 잘 이용해야 획기적인 기술을 개발할 수 있습니다. 그러니까 기술 개발 과제가 주어지면, 그 기술에 필요한 현상과 메커니즘을 이해하기 위한 연구에 필요한 질문을 잘 정해서define 연구해야 합니다. 즉 기술 개발 연구에서 어떤 특성을 획기적으로 향상시키려면 (문제의 원인과 해결책을 규명하는 질문과 그 답을 찾아내는) 과학 연구가 먼저 이뤄져야 하는 것이지요. 그리고 이 연구 결과가 기술 개발의 핵심이 된다는 점을 명심하여 연계 연구를 수행하는 것이 바람직합니다.

기업의 연구 전략

기업 연구는 무엇이 다른가

기업 연구부서에서는 대학 또는 연구소에서 연구 경험을 쌓은 연구자를 채용합니다. 그런데 연구자를 뽑은 기업도, 기업에 들어간 연구자도 서로 만족하지 못하는 경우가 많습니다. 물론 기업에서 연구자로 일하는 것이 대학이나 연구소에 비해 못하지는 않습니다. 특히 기업에서는 연구비와 인력의 제약이 덜하고 현장에서 실질적인 가치를 창출하는 보람을 느낄 수 있습니다. 그런데도 서로 만족하지 못하는 원인은 대학(또는 연구소)의 연구와 기업의 연구에는 기본적인 차이가 있다는 것을 서로 이해하지 못하기 때문이 아닐까 합니다. 그렇다면 어떤 차이가 있을까요?

어떤 연구가 좋은 연구인지 아닌지를 떠나서, 대학/연구소의 연구와 기업 연구는 목적과 역할이 다르므로 연구 과정도 달라집니다. 가장 근본적인 이유는 이익 창출이 기업 연구의 1차적인 목표라는 점이겠습니다.

예를 들면 기술 개발 연구를 비교해봅시다. 기업에서는 과거의 비슷한 개발 경험에서 얻은 데이터를 바탕으로 제품을 설계하여 시작품을 제작하고 성능을 평가하고 최적화하는 방식으로 접근하기 쉽습니다. 기업 현장에서는 결과물을 만들어내기에 늘 시간이 촉박하므로 원리 연구에 충분한 시간을 쓸 수 없습니다. 결과만 좋게 나오면(즉 원가를 절감할 수 있다면) 공학 원리를 이해하는 것은 상대적으로 중요하지 않다고 생각하는 거지요.

이에 반해 대학 또는 연구소에서는 산업계와 연계한 기술 개발 프로젝트를 수행하더라도 개발하려는 기술의 (공학적) 원리에 대한 연구에 중점을 두고 접근하는 것이 일반적입니다. 대학이나 연구소는 학문 발전과 교육을 우선으로 하므로 차이가 있습니다. 필요한 기술을 빨리 개발하는 것이 중요하지만, 기업 연구도 지속적으로 개발하려면 그 기술이 우수한 근본 원리를 충분히 성찰하지 않으면 안 됩니다. 결과에 대한 비판적인 시각과 분석 능력을 갖춘 인력을 보충하고 공학적인 원리와 이론에 기반한 연구를 해야 합니다.

차이는 주제와 결과 보고

　연구 수행의 기본적인 방법은 비슷합니다. 하지만 연구 주제 선정과 결과 보고 면에서 차이가 있습니다. 대학에서는 연구 논문을 저널에 게재하는 일을 중요하게 여기지만, 기업에서는 그다지 중요하게 평가하지는 않습니다. 기업에서는 실제 제품에 적용할 수 있는 구체적 결과를 원하고 지적 재산권(특허)이 중요합니다. 그래서 기업에서는 특허 신청 전에는 연구 결과 발표가 제한되기도 하고, 중요한 결과라면 특허를 신청하지도 않습니다. 기업에서는 분명한 목적을 지니고 연구를 하므로, 연구 결과가 언젠가 의미가 있을 거라는 불필요한 주장을 하지 않아도 된다는 점은 장점일 수 있습니다. 실제로 적용되지 않으면 기업의 연구는 의미가 없으므로 기술의 장점만이 아니라 단점도 솔직하게 밝혀야 합니다. 다만 기업에서는 첨단 연구나 실패 위험이 있는 기술 연구는 대학이나 연구소의 연구 결과가 나올 때까지 기다린다는 한계가 있습니다.

기업 연구를 위한 훈련

　최근에는 국내 기업의 역량이 높아지면서 기업에 실제 필요한 기술은 보안을 고려해서 자체적으로 개발하고, 대학과 연구소에는 공학 원리 연구를 의뢰하는 경향이 있습니다. 기업에서는 대학과 연구소에서 연구 인력을 양성해주길 바라는데, 현장에서 제품을 설계할 수 있는 인력, 기술 개발 연구의 경험이 있고 현장에서 발생하는 문제들을 해결해본 경험이 있는 인력을 원합니다. 그런데 대학에서는 전통적인 공학 분야보다는 미래 융합 연구와 좋은 논문을 쓰는 데 중점을 두기 때문에 기업에서 원하는 인력을 양성한다고 보기 어렵습니다. 그러므로 대학과 연구소의 학생들에게는 논문 쓰는 연구 못지않게 기업 연구의 특성을 잘 이해하고 실용적인 산업체 프로젝트에도 참여해서 기업의 인력 수요에 맞춘 연구 훈련이 잘 이루어지면 좋겠습니다.

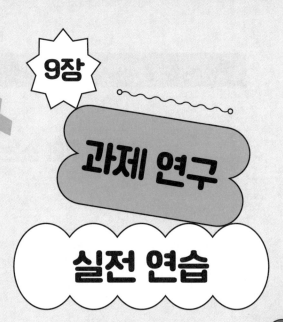

9장

과제 연구

실전 연습

과제 연구와 소논문

　최근 고등학교에서는 과제 연구 활동과 소논문을 작성하는 글쓰기 활동이 활성화되고 있습니다. 과제 연구라는 명칭이 일반적이지만, Individual Research(개인 연구)의 약자인 IR, Research & Education(연구 활동과 교육)의 약자인 R&E 등으로 부르기도 합니다. 학교 측에서는 학생들의 대학 진학에도 도움이 되도록 개인 탐구 활동의 결과물을 정리해서 학생 과제 발표집, 탐구 과제 보고서 등을 제작하기도 합니다. 소논문의 주제가 과학 분야에 국한된 것은 아니지만, 이 책에서는 과학 분야의 과제 연구와 소논문에 한정해서 설명하겠습니다.

　고등학교 수업에서 하는 과학 탐구는 실험을 포함하더라도 과학 지식을 단편적으로 확인하는 데 그치게 마련입니다. 즉 미리 준비된 문제를 주어진 방법을 따라 실험하여 예상되는 답을 확인하는 탐구 활동입니다. 이에 비해 과제 연구는 과학자의 실제 연구와 유사한 과정을 거쳐서 과학 지식을 얻는 방법을 학생들이 스스로 습득하도록 하는 것입니다. 그래서 포괄적이고 종합적인 과학 탐구 활동이라는 면에서 의의가 있습니다. 과제 연구를 해본 학생들은 성취감이 높아지고, 창의성과 문제 해결 능력이 성장하며, 학습 동기와 과학적 태도를 높이는 데 도움이 된다고 합니다.

과제 연구의 수행 방법은 실제 과학자의 연구 과정과 유사합니다. 우선 연구에 사용할 수 있는 시간과 가능한 연구 방법을 고려해서 연구 주제를 정합니다. 다음은 이 연구의 답이 무엇일지 생각해보는데, 이것이 가설입니다. 가설을 입증하려면 어떤 증거가 필요한지, 어떤 실험을 해야 그 증거(결과)를 얻을 수 있을지 생각합니다. 그러고 나면 실험 계획과 방법을 정해서 실험합니다. 실험 결과를 잘 해석해서 가설을 입증할 수 있는 결과인지 확인하고, 필요하다면 추가 실험을 해서 결론을 내리고 소논문을 쓰는 것으로 마무리합니다.

이런 과정을 따라가다 보면 연구가 무엇이고 어떻게 하는 것인지 경험해볼 수 있습니다.

필자가 멘토링했던 H고등학교 학생들의 '과제 연구'를 예로 들어 설명해보겠습니다. 이 학교는 2학년이 되면 과제 연구 과목을 배웁니다. 이 학교 홈페이지에 과제 연구 과목의 목적을 다음과 같이 밝히고 있습니다.

"학생들의 자기주도적, 협력적 탐구 능력 신장을 위한 탐구 활동의 일환으로 연구 주제 선택부터 논문 작성까지 실제 연구에 부딪히며 하는 공부를 통해 학생들이 스스로 커나가는 과정의 기쁨을 배우며 성장하게 한다."

희망하는 학생만 이 과제 연구 수업을 선택하는데, 스스로 연구 문제를 정하고 체계적 방법을 통해 연구하여 결과를 내는 것을 목표로 합니다. 혼자 또는 그룹으로 연구하고 중간 발표와 최종 평가를 거쳐 소논문이 과제 연구 논문집에 게재됩니다.

학교 홈페이지에 실린 졸업생 인터뷰 중에서 과제 연구를 언급한 부분을 소개합니다.

"과제 연구를 할 때는 '내가 왜 이걸 한다고 했을까' 후회한 적도 많아요. 연구실을 찾으려고 대학에 보낸 메일만 100통이 넘을 거예요. 실험에 실패하고 또 실패하며, 외출 허락을 받고 늦은 밤까지 연구실을 찾아다녔던 시간들……. 저에게 과제 연구를 하도록 추천했던 선배들을 얼마나 원망했는지 몰라요. 그런데도 후배들이 물어보면 당연히 과제 연구를 추천합니다. 고생을 다 잊을 만큼 의미 있는 과정이었으니까요. 그리고 제가 졸업 후 무엇을 하고 싶은지 명확하게 해준 수업이기도 했어요."

H고등학교의 사례

아직 과제 연구 수업이 활성화되지 않은 일반 고등학교에도 이 과정이 도입되려면, 수행 과정에서 겪는 어려움을 효과적으로 해결해야 하지 않을까 싶습니다. 그래서 필자의 멘토링 경험과 연구 지도 내용을 정리해보았습니다.

과제 연구 사례

H고등학교 학생들의 과제 연구 중에서 '유산균이 대장균의 성장을 억제하는 효과'에 관한 연구 사례를 소개합니다. 요구르트, 김치 등에 많이 들어 있는 유산균이 세균의 증식을 억제하는 효과가 있는지, 유산균의 종류에 따라 억제 효과가 차이가 나는지 밝히는 것으로

시험관 내 실험으로 연구했습니다. 유산균이 대장균의 성장을 억제하는 효과가 있으며, 많은 양의 유산균이 투입되어야 대장균 증식을 억제하는 효과가 나타난다는 것이 이 연구의 결론입니다.

주제 탐색을 위한 자료 검색과 주제 선정

이 과제 연구 사례를 가지고 주제 선정부터 결과 보고서 작성까지 각 단계를 설명합니다. 이 순서를 잘 따라간다면 실제로 과제 연구를 수행하는 데 도움이 될 것입니다.

어떤 연구를 할 것인지 주제를 정할 때 학생들이 진로로 희망하는 생물, 화학 분야에 도움이 될 만한 주제를 탐색하였습니다. 우선 학교 선배들이 수행했던 과제 연구 목록을 입수해서 주제들을 살펴보았습니다. 어떤 주제는 고등학생이 할 수 있는 범위를 벗어나기도 했습니다. 그동안의 과제 연구 주제는 총 128개였는데 그중에서도 화학 16편, 생물 15편이었습니다. 요즘 많은 사람들이 유산균에 관심을 가지는 만큼 유산균 생균과 사균의 장내 효능 비교 연구, 유산균과 식이섬유 섭취 효과 연구 등을 연구 주제로 생각해보았습니다. 하지만 과제 수행 기간이 4개월이라는 점을 고려하면 과제 연구 주제로 삼기는 어렵다는 생각이 들었습니다.

유산균을 연구 대상으로 정한 후에는 관련 연구 논문을 찾아서 검토했습니다. 장내에서 유산균이 우점종(지역적 환경에서 가장 개체수가 많은 군집 상태를 이룬 종)이 되면 유해균의 증식을 억제하여 장내 건강을 증진하는 원리가 있다는 것을 확인했습니다. 또한 식품을 보존하기 위한 항균물질로 항생물질을 대체할 수 있는 유산균이 주목받고 있다는 것을 알았습니다. 그렇다면 유산균이 장내가 아닌 외부에서도 세균 증식을 억제하는 효과가 있다는 것을 가설로 세우고 실험으로 확인할 수 있지 않을까 해서 연구 주제로 정했습니다.

우선 유산균의 항균 작용에 관해 연구한 최근 논문 자료들을 찾아보았습니다. 대부분 생체 내 실험을 바탕으로 하는 체내 항균 효과 연구였고, 시험관 내에서 유산균이 세균의 증식을 억제하는지 실험한 연구 결과는 없었습니다. 그래서 유산균이 항균 효과가 있는지, 유산균의 종류에 따른 차이가 있는지, 시험관 내 실험을 해서 연구하기로 했습니다.

연구 설계와 실험 계획

대장균을 대상으로 유산균의 항균 효과에 집중하도록 연구를 설계하였습니다. 대장균은 실험실에서 쉽게 배양되어 다루기 쉬울 뿐만 아니라 사람에게 감염될 위험이 크지 않아서 연구용으로 가장 많이 사용되고 있습니다. 실험에 미치는 다른 변수의 영향을 최소화하기 위해 시험관 내에서 대장균과 유산균을 증식시키고 유산균과 대장균의 성장(증식)을 측정하는 실험을 했습니다.

실험 방법으로는 흡광도Optical Density, O.D. 값과 평판계수법plate counts의 콜로니colony 수를 측정하는 방법을 사용하였습니다. 평판계수법은 미생물을 고체 배지에 배양한 다음 생성되는 콜로니(집락)를 세는 방법입니다. 실험 중에는 배양액의 흡광도를 측정하는데, 배양액의 흡광도(탁도)가 세균의 농도와 비례하는 현상을 이용한 것입니다.

우선 흡광도 값과 콜로니 수의 경향을 비교하는 실험을 하여 두 값이 어느 정도 일치하는지 확인하였습니다. 두 번째로 대장균 증식 억제 효과를 관찰하기에 적절한 대장균과 유산균 농도비를 찾고, 마지막으로 유산균의 균주별로, 농도별로 대장균 증식 억제 효과를 비교하는 실험 계획을 세웠습니다. 실험 계획은 순서에 따라 단계별로 진행하되 각 활동을 하나의 단계로 정합니다. 언제, 어떤 방법으로 무엇을 측정하는지, 반복 실험의 경우 어떤 조건을 바꾸고 어느 단계부터 어느 단계까지 반복하는지 명확히 계획합니다.

실험 방법

평판계수법은 액체 배지에서 6시간 동안 균주를 배양한 후 고체 배지에 1만 배의 배율로 희석하여 평판plate에 도말spreading하고, 인큐베이터에서 24시간 동안 배양한 후 콜로니 수를 세서 균수를 측정하는 방법입니다. 배양액 중의 미생물을 적절히 희석하여 평판에 도말하면 독립된 큰 콜로니를 형성할 수 있습니다. 육안으로 볼 수 있는 콜로니 하나는 대부분 한 개의 미생물이 번식하여 증식된 집단입니다. 콜로니 수는 페트리 디시petri dish(대장균을 배양하는 둥근 유리

접시)의 뒷면에서 육안 또는 확대경을 사용하여 확인합니다. 콜로니 수가 너무 많으면 구획을 나누어 구획 내의 콜로니 수를 세어서 면적 비율로 전체 콜로니 수를 계산하기도 합니다.

실험 변수와 예비 실험

'유산균의 종류와 농도 조건이 대장균 증식 억제에 중요한 역할을 한다'는 가설을 입증하는 실험에서는 유산균의 종류와 농도가 독립변수, 대장균 농도가 종속변수입니다. 한편 배지 종류 등 다른 조건이 실험 결과에 영향을 미칠 수 있으므로 동일한 조건에서 실험해야 결과를 비교할 수 있습니다. 통제변수인 조건들을 효과적으로 제어해

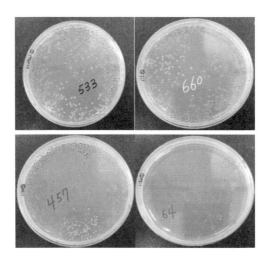

페트리 접시를 이용한 평판계수법의 실제 예시

야 실험 결과를 신뢰할 수 있습니다.

본 실험을 하기 전에 우선 예비 실험을 하였습니다. 본 실험 전에 관찰하려는 변수 사이의 연관성, 측정 값이 가설을 입증할 수 있는지 미리 확인하는 실험입니다. 예비 실험에서, 흡광도 O.D.값과 평판계수법으로 계수한 유산균과 대장균의 균수(농도) 사이의 연관성을 확인하고, 유산균 세 종류의 균주 성장 속도를 비교하는 실험을 하였습니다.

실험 수행과 결과

1차 실험에서는 유산균 균주 중 성장 속도가 가장 빨랐던 L. casei를 대장균에 투입하였습니다. 하지만 유산균 비율이 대장균과 똑같은 100퍼센트가 될 때까지도 대장균 콜로니 수에는 변화가 없었습니다.

1차 실험에서 유산균의 투입이 부족한 것으로 판단해서 유산균 양을 20배까지 늘려 2차 실험을 하였습니다. 그 결과 대장균이 1/10로 감소하는 것이 관찰되었습니다. 따라서 대장균과 유산균의 비율을 1:20 이상으로 설정해야 한다는 중간 결론을 내리고, 3차 실험부터는 이 기준으로 실험을 진행하였습니다.

유산균 균주 3종(L. casei, L. acidophilus, S. thermophilus)에 대해 균주별, 농도별로 차이를 두어 대장균 성장 억제 실험을 진행하였습니다. 이 실험의 결과를 정리한 그래프가 213쪽 그림입니다. 가로축

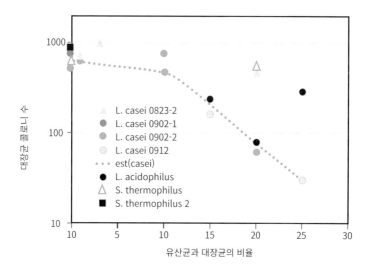

유산균의 균주별, 농도별 차이에 따른 대장균 콜로니 수

의 대장균과 유산균 비율을 변수로 하여 세로축에 대장균 콜로니 수의 변화를 나타냈습니다. 실험 결과, 몇 가지 특징이 관찰되었습니다.

- 유산균을 투입하지 않은 배양 조건에서 대장균 콜로니 수는 약 500~1,000 정도다.
- 유산균의 투입량이 약 10배까지 늘어나기 전에는 대장균 콜로니 수에는 변화가 없다. 유산균의 항균 효과가 크지 않다는 의미다.
- 유산균 투입량이 대장균의 10배 이상으로 증가하면 대장균 콜로니 수가 크게 감소한다. 특히 유산균 L. casei를 20배 투입한 조건에

서는 비교군의 수십 분의 1 수준까지 대장균 콜로니 수가 감소한다.

- L. acidophilus도 대장균 콜로니 수 감소 효과가 L. casei와 유사한 수준이다.
- S. thermophilus는 다른 2종 유산균만큼 항균 효과가 나타나지 않는다.

결론 도출, 후속 연구 제안과 실험 보고서 작성

연구의 결론은 유산균은 체외에서도 대장균 증식 억제 효과가 있으며, 유산균 균주에 따라서 대장균 억제 효과에 차이가 있다는 것입니다. 다만 대장균에 비해 10배 이상 많은 양의 유산균을 투입하는 경우에 대장균 증식 억제 효과가 나타납니다.

본 연구 중에 유산균 대사 과정 중 발생하는 젖산이 유도하는 pH 변화가 대장균의 증식을 억제한다는 가설을 확인하기 위해 모든 실험에서 pH를 측정하였습니다. 그 결과, pH가 낮을수록 대장균 콜로니 수가 적다는 사실을 확인하였습니다. 따라서 젖산과 pH가 유사한 다른 산을 넣어 유산균 증식에 따른 pH 변화가 직접적으로 대장균 증식에 영향을 미치는지 확인하는 후속 연구를 제안할 수 있습니다.

과제 연구는 실험 보고서 또는 결과 보고서를 작성하는 것으로 마무리됩니다. 실험 보고서는 서론(연구의 필요성, 목적 및 내용), 배경 이론, 연구 방법, 연구 결과와 고찰, 결론 및 제언, 참고문헌으로 구성합니다. 표와 그래프, 그림, 흐름도 등 다양한 자료를 활용하여 연구와 실험 결과를 이해하기 쉽게 결과 보고서를 작성합니다.

이 과제 연구에 대해 소논문의 형태로 작성한 결과 보고서에 실린 초록과 목차를 다음에 소개합니다.

연구 결과 발표회

보고서 작성을 넘어서 연구 과제 발표회를 하는 경우도 있습니다. H고등학교에서는 학교 학술제에서 과제 연구 결과를 발표하고 질의응답하는 시간을 가졌습니다. 이렇듯 발표 기회가 있다면 적극적으로 참여하는 것이 좋습니다. 또한 관심 있는 주제의 학술연구 발표를 들으면 연구에 관한 이해가 높아지고 흥미와 관심의 폭을 넓히는 효과가 있습니다.

결과 보고서 예시

2015. Vol. 15-1.

시험관 내 실험(in vitro)을 통한 유산균 균주에 따른 대장균 증식 억제 효과의 차이 연구

연구자 : ○○고등학교 2학년 이○○, 정○○
연구 지도 : KIST 송○○ 박사

《초록》

본 연구는 체외 조건에서 유산균이 대장균에 대한 증식 억제 효과가 있는지, 유산균 균주의 종류에 따라 서로 얼마나 차이가 있는지에 대해 밝히기 위해 시험관 내 실험을 통해 수행한 연구로, 구체적으로 유산균이 어떤 기작을 통해 대장균의 성장을 억제하는 효과가 나타나는지, 유산균은 얼마나 많은 양이 투입되어야 대장균에 대한 증식 억제 효과가 나타나는지 등을 알아내기 위한 실험적 연구이다.

본 연구에서는 시험관 내에서 대장균과 유산균의 증식 실험을 진행하였다. 실험은 첫 번째로 대장균과 유산균의 농도측정을 위한 흡광도(Optical Density) 값-평판계수법(plate counts)에 의한 Colony 수간의 상관관계 실험, 두 번째로는 대장균 균주와 유산균 균주의 혼합 농도 결정을 위한 실험, 마지막으로 균주별, 농도별에 따른 유산균의 대장균 성장 억제 효과 차이를 알아보는 실험들이었다.

연구 결과, 대장균의 약 10배까지 유산균의 투입량을 증가시켜도 대장균의 colony 수에 큰 차이가 없었다. 그러나 10배 이상의 투입량에서는 유산균 투입량이 증가함에 따라 대장균의 colony 수가 크게 감소하는 것이 관찰되었으며, 유산균의 항균 효과가 나타나는 것으로 보인다.

특히 실험에 사용한 유산균 균주 중 하나인 L. casei를 20배 이상 투입한 실험 조건에서는 대장균의 colony 수가 수십 분의 1 수준까지 크게 감소하는 것이 관찰되었으며, L. acidophilus도 L. casei와 유사한 수준의 colony 수 감소 효과가 관찰되었다. 따라서 L. casei 및 L. acidophilus의 항균 효과는 우수하다고 할 수 있다. 이에 반하여 S. thermophilus 투입 시에는 colony 수 감소 효과가 1/2 정도에 그쳤으며, 1/10 수준까지 감소하는 다른 2종의 유산균에 비해 항균 효과가 떨어지는 것으로 판단된다.

결론적으로 보면, 본 연구를 통해 유산균은 체외 조건에서도 대장균 증식 억제 효과가 나타나며, 유산균 균주의 종류에 따라서 대장균의 성장 억제 효과에 차이가 나타난다는 것을 알 수 있다. 다만 대장균 증식 억제 효과가 나타나는 것은 대장균 양에 비해 10배 이상의 많은 양의 유산균을 투입하는 경우이며, 일반적인 항균물질에 비해 유산균은 스스로 증식한다는 장점이 있으므로 유산균 생존을 위해 적절한 환경 조성이 가능한 경우가 있을 수 있지만, 이를 제외하면, 체외 항균물질로 실제로 사용하기에 제약이 많은 것으로 판단된다.

목 차

3

과제 연구 수행 지도 방법

필자는 H고등학교 외에도 고등학생 과제 연구에 몇 차례 멘토로 활동한 경험이 있습니다. 고등학생 과제 연구는 일반 연구와 기본적인 순서와 체계 면에서는 큰 차이가 없지만, 고등학생 과제 연구만의 특성을 이해하면 효과적으로 학생들을 지도할 수 있습니다.

과제 연구의 주요 과정

과제 연구는 고등학교 교육 과정의 일부입니다. 따라서 학생들이 실제 과학자의 연구 과정을 경험함으로써 과학 지식을 얻는 방법을 배울 수 있습니다. 과제 연구는 포괄적이고 종합적인 탐구 활동 기회를 제공하는 것이 목적이 되어야 합니다.

2017년 교육부가 발간한 보고서에 과제 연구의 교육 목표가 다음과 같이 정리되어 있습니다. 이 표는 과학 연구 방법의 이해를 시작으로 과제 연구의 각 단계를 정리했습니다. 독창적 연구 주제를 선정하는 것부터 결과 보고서를 작성하고 연구 결과를 발표하는 것까지의 교육 내용과 각 단계의 교육 목표를 제시하고 있습니다.

교육 내용	과제 연구 교육 목표
과학 연구 방법의 이해	토론과 조사를 통해 귀납적 연구 방법과 가설 연역적 연구 방법의 특징과 차이점을 설명할 수 있다.
과학 탐구의 요소와 개념	문제 인식, 가설 설정, 변수 통제, 자료 해석, 결론 도출, 일반화 등 과학 탐구 요소의 개념을 설명할 수 있다.
과학 연구의 윤리 규정	과학 연구의 윤리 규정을 설명할 수 있다.
독창적 연구 주제 탐색과 선정	관심과 흥미가 있는 연구 주제를 탐색하고 관련된 자료를 찾아 구체적이고 독창적인 연구 주제를 선정한다.
논문 자료 검색	국내외 논문 검색 등을 이용하여 연구에 필요한 자료를 찾을 수 있다.
선행 연구 자료 조사	자료 및 문헌 조사를 통해 연구 주제와 관련된 선행 연구의 자료를 모을 수 있다.
탐구 방법 설계	연구 목적을 달성할 수 있는 탐구 방법과 내용을 설계하고 필요한 기기 및 재료를 확보할 수 있다.
관찰과 실험 결과 획득	관찰 또는 실험 등을 통해 자료를 획득할 수 있다.
표, 그래프 작성	결과를 표, 그래프 등으로 변환할 수 있다.
자료 해석과 답	결과를 해석하여 연구 질문(또는 가설)의 답을 찾고, 문헌 조사를 병행하고 추가 관찰 또는 실험 등을 수행할 수 있다.
연구 결론 도출	자료 해석 결과를 바탕으로 연구 결론을 도출할 수 있다.
결과 보고서 작성	연구 결과를 보고서로 작성하고, 참고문헌을 명확히 표기할 수 있다.
구두/포스터 연구 결과 발표	연구 결과를 구두 또는 포스터로 발표할 수 있다.

과제 연구 교육 내용과 교육 목표

*출처: 김현정, 2015 개정 교육 과정에 따른 고등학교 과학계열 평가 기준 개발 연구, 2017, 교육부.

구체적으로 과제 연구의 각 단계별로 교육 목표를 설명해보겠습니다.

연구 착수 준비

과제 연구에 착수하기 전에 학생들이 과학 연구란 무엇인지, 귀납적 연구 방법과 가설 연역적 연구 방법의 특징과 차이점을 이해하게해야 합니다. 그리고 과학 탐구의 요소인 문제 인식, 가설 설정, 변수 통제, 자료 해석, 결론 도출, 일반화 등의 개념을 비롯하여 과학 연구의 윤리 규정을 이해하게 합니다.

연구 주제 선정

연구는 대개 주제 선정으로 시작됩니다. 3장에서 설명했듯이 좋은 주제를 선정하기는 중요한데 쉽지 않은 일입니다. 특히 고등학생들은 연구하고 싶은 주제와 연구할 수 있는 주제의 간극이 큽니다. 그래서 학생들은 주제를 정하는 것을 가장 어려워합니다.

학생들의 희망 진로에 도움이 될 만한 주제를 잡는 것이 효과적입니다. 그중에서도 최근 주목받는 주제, 사회적 관심을 끄는 주제를 골라야 하는데, 문제를 해결하는 주제를 찾도록 지도하는 것이 좋습니다. 특히 개인적으로 경험하는 상황에서 문제를 찾아보게 하는데, 수업 중 떠오른 의문이나 친구들과 이야기하면서 등장한 문제가 좋습니다. 그러면 학생이 자기주도적으로 연구 주제를 정할 수 있습니다.

관심 주제를 발견해도 구체적인 문제를 정하기가 쉽지 않습니다. 이때는 선배들의 관련 분야 과제 연구 보고서 또는 소논문을 읽어보는 것이 좋은 출발점이 됩니다. 연구 주제나 내용, 개념과 이론, 결과 자료를 읽고, 연구의 논점, 방법, 통계 처리 방법, 자료 적합성, 해석 등이 충분한지, 객관적인지 등을 비판적으로 살펴보게 합니다. 또 선배들의 결과를 다르게 해석할 수 있다면 그 연구를 보완하는 연구 주제를 정할 수도 있습니다. 다만 선배들의 소논문을 조합하기보다는 자신의 논리로 논지를 전개하는 것이 좋습니다.

주제 선정의 제약 사항

사실 제대로 연구 활동을 하려면 적어도 6개월에서 1년 이상의 시간이 필요합니다. 3학년 때는 수능시험, 논술시험 등 대학입시를 준비해야 하므로 과제 연구를 할 시간 내기가 쉽지 않으니, 과제 연구나 소논문 활동은 1~2학년 시기에 하는 것이 좋습니다.

학생이 희망 전공 분야에서 관심이 있는 주제를 정하고, 시간 제약을 고려하여 관련 동아리, 봉사활동, 독서 등을 병행하도록 하면 바람직합니다. 특히 1학년에 과제 연구 주제와 연구 방법을 검토하고, 진로가 구체적으로 정해지는 2학년에 희망 전공 학과에 부합하는 연구 주제를 정한다면 좋겠지요. 시간 제약으로 도중에 포기할 수 있으므로 범위를 너무 넓지 않게 잡도록 합니다.

입시를 준비하는 고등학생에게는 공간적인 제약도 있으므로 학교와 가정에서 수행할 수 있어야 합니다. 자료는 학생이 충분히 수집할 수 있어야 하고, 실험을 한다면 어디서 했는지 설명해야 합니다. 학생의 능력을 크게 벗어나는 주제나 방법을 사용한 연구는 검증 대상이 될 수도 있습니다. 직접 이 연구를 했는지 심층 질문을 받는다는 의미입니다. 학생이 스스로 연구할 과학 지식과 능력이 있는지, 자료 수집, 실험을 포함한 일정 등 시간과 공간, 연구 내용의 제약을 고려하여 주제를 선정하는 것이 좋습니다.

연구 계획안 작성

주제를 결정하면 연구 계획안을 작성하도록 합니다. 연구 계획안은 결과 보고서 형식으로 미리 작성하는 것이 좋습니다. 결과 보고서는 실험을 모두 마친 뒤 연구 목적과 과정, 결과를 정리하여 작성하지만, 연구에 착수하기 전에 예비 결과 보고서를 준비하면서 연구 계획을 세워보면 이 실험을 하는 이유, 이론, 실험 도구와 방법 등을 비롯하여 예상되는 연구 결과까지 작성하여 가이드라인으로 삼을 수 있으므로 연구를 진행하는 데 큰 도움이 됩니다.

실험 계획안 작성과 점검 질문

실험할 때는 실험군과 대조군, 독립변수와 종속변수를 명확하게 정해야 합니다. 실험 계획을 점검하는 질문들을 적어보면 다음과 같습니다.

① 이 실험에는 어떤 변수들이 있는가? ② 어떤 것이 조건을 변경하는 독립변수인가? ③ 독립변수를 변경할 때 나타나는 효과를 어떤 변수로 측정할 것인가?(종속변수) ④ 기존 연구와 비교해 예상되는 우수한 점은 무엇인가? ⑤ 다른 조건들을 적절히 통제할 수 있는가?

이렇게 독립변수와 종속변수, 통제할 실험 조건 등을 잘 정하게 합니다.

실험 결과 보고서

실험 결과를 정리할 때는 이 실험을 통해 알아낸 사실들만 정리해야 합니다. 알려진 이론이나 현상을 다루는 실험은 이미 예상하는 결과가 나오도록 하는 데 초점을 맞추기 쉽습니다. 하지만 과제 연구에서는 알려진 이론을 참고하더라도 우선 관찰 결과를 그대로 정리하는 것이 바람직합니다.

결과 해석과 표, 그래프 작성

실험 결과 자료를 해석하기 위해서는 결과의 설명 외에도 결과를 설명할 이론이 중요합니다. 왜 실험 결과가 그렇게 나오는지 이론에 근거하여 논리적으로 분석해야 합니다. 다른 연구에서 비슷한 조건의 실험 결과를 어떻게 설명하는지 참고하면 도움이 됩니다. 잘 정리된 표와 한눈에 들어오는 그래프는 결과 해석에 설득력을 부여합니다. 실험 결과를 정리한 데이터를 표에 넣고, 이 데이터를 해석한 그래프를 그려서 연구에서 주장하는 결론을 끌어냅니다.

결과 토의와 토론, 결론

가설과 이유(이론)가 정리된 후에는 교사, 멘토, 학생과 함께 연구 결과를 설명하고 의견을 듣는 토론이 필요합니다. 토론을 준비하면서 이 연구와 실험의 한계 또는 제약, 부족한 점은 인정하고 추가 실험을 해서 결론을 보완할 수 있습니다.

●○●

과제 연구를 하여 소논문을 쓰는 것은 고등학생에게 지나친 선행학습이고 바람직하지 않다고 지적받을 수도 있습니다. 하지만 과제 연구와 소논문 작성은 충분히 의미 있는 교육입니다. 석사나 박사 논문처럼 치밀하게 연구 설계하고 방법을 찾아 연구하기는 어렵지만 자료 찾기, 주제 결정, 실험 준비, 실험 결과 해석을 거쳐 결론을 고민하고 소논문을 쓰는 과정을 경험하면서 탐구의 기쁨을 느낄 수 있습니다. 따라서 고등학생에게도 과제 연구와 소논문을 써보는 경험은 꼭 해보기를 권합니다.

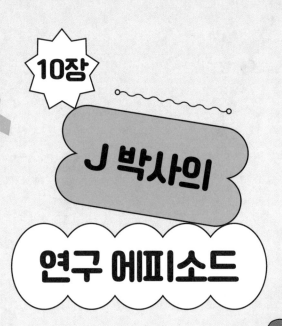

10장

J 박사의

연구 에피소드

이번 장에서는 J 박사가 지난 30여 년간 해온 여러 연구를 소개합니다. 연구 현장에서는 주제가 실제로 어떻게 결정되고 연구 방법은 어떻게 선택하는지, 그리고 연구는 어떻게 진행되는지, 독자 여러분들이 연구 과정을 이해하는 데 도움이 될 것입니다.

에피소드 1

자동차 엔진 냉각 연구

H자동차 냉각계통 연구

　J 박사가 아직 박사 과정을 밟으며 연구원으로 근무하는 동안 소속 연구실의 몇몇 연구 프로젝트에 참여하다가 단독으로 맡게 된 첫 프로젝트가 H사의 신모델 자동차인 P2의 엔진 냉각계통과 관련된 연구입니다. H사가 처음 내놓은 P2는 독자적인 자동차 모델이라고 주장했지만, 사실 일본 M사의 자동차 설계를 거의 그대로 들여와서 제작한 모델입니다. 1980년대에는 H사는 물론 우리나라 기업에 독자적인 기술이 없어서 외국, 특히 일본 기업에서 설계 기술을 도입하여 생산하는 방식이었습니다. 그러다 보니 언뜻 이해가 가지 않는 구조의 자동차가 만들어지기도 했습니다. 외국에서는 자동차의 연료 주입

구를 운전석 반대편에 두는 것이 보통인데, 우리나라는 운전석과 같은 방향인 왼쪽에 있는 경우가 대표적인 예입니다. 오른쪽에 핸들이 있어서 연료 주입구가 왼쪽에 있는 일본 자동차의 설계를 들여올 때 우리는 핸들을 왼쪽에 두면서도 그 설계를 그대로 사용했기 때문입니다.

이렇게 제작된 모델에서 엔진이 과열되는 문제가 발생했는데, H사에서는 라디에이터 문제가 에어컨 때문이라고 판단합니다. 라디에이터는 엔진의 과열을 방지하기 위해 냉각하는 장치입니다. 일본 원형은 에어컨을 달지 않는 소형차였는데, 우리나라에서는 에어컨이 기본 요구 사항이었습니다. 설계도면을 그대로 들여오더라도 국내 법규와 소비자 취향에 따라 설계를 변경할 필요가 있었는데 자동차 구매층이 중상류층이어서 에어컨을 원했기 때문이지요.

문제는 자동차에 에어컨을 설치하려면 에어컨 실외기 기능을 하는 에어컨용 콘덴서를 엔진의 라디에이터 앞에 설치해야 하는데, 에어컨용 콘덴서가 라디에이터에 들어가는 바람을 막아 라디에이터의 냉각을 방해한다는 겁니다. H사는 자동차 엔진 과열의 원인이 냉각계통이라는 결론에 도달했고, 냉각계통 중 어느 부분을 어느 정도까지 개선해야 하는지 확인하기 위해 이 문제를 KIST에 의뢰했습니다. 그리고 J 박사가 이 프로젝트를 맡았습니다.

자동차 엔진 냉각 실험과 컴퓨터 수치 해석

J 박사는 우선 실제 자동차에서 라디에이터를 통과하는 유속을 측정합니다. 라디에이터 냉각 문제는 에어컨용 콘덴서가 바람을 막아서 일어난다는 가설을 확인하기 위해 KIST의 첨단 유속 측정 장비를 H사의 지방 공장에 가지고 내려가서 약 1년여에 걸쳐 유속을 측정, 분석하는 실험을 한 거지요. 이와 동시에 유체역학과 열전달 이론을 기반으로 대학원에서 배운 수치 해석 컴퓨터 시뮬레이션을 적용하여, 자동차 라디에이터 냉각에 유속의 분포가 미치는 영향을 해석하였습니다. 그리고 자동차 앞부분에 있는 통풍구 형태와 라디에이터와 콘덴서의 위치를 변경하면 엔진 냉각 성능이 향상된다는 연구 보고서를 제출했습니다.

그 후 이 보고서를 바탕으로 H사에서는 자동차의 냉각계통과 에어컨 순환계통의 설계를 바꾸었다고 들었습니다.

현장에 답이 있다

"우리의 문제는 현장에 답이 있다"라는 말이 있습니다. 우스갯소리로 이를 줄여 '우문현답'이라고도 하지요. 현장에 가야 답을 찾을 수 있다는 의미인데, 연구자의 입장에서는 현장에 문제가 있다는 점이 중요합니다. 실제 현장의 문제, 즉 고객의 문제가 우리가 연구할 주제라는 말입니다.

이 프로젝트에서는 고객인 H사의 자동차 엔진 과열 문제를 주제로, 에어컨용 콘덴서에 막혀서 라디에이터 냉각 성능이 저하된다는 가설을 유속 측정 실험으로 확인하고, 수치 해석 시뮬레이션이라는 이론 해석을 통해 통풍구의 형태와 에어컨 콘덴서의 위치 변경이라는 해결책을 제시했다는 것이 중요한 교훈입니다. 물론 이때는 아직 연구 수행 전략을 체계적으로 세운 것은 아니어서 시행착오도 있었지만, 그 후로 장치 냉각에 관련된 프로젝트 연구를 할 때 이 연구 경험이 크게 도움이 되었다고 합니다.

에피소드 2
첨단 레이저 계측 기술 연구

레이저 계측 기술 연구

　J 박사의 박사학위 연구 주제는 연소실에서 생성되는 입자 생성 메커니즘입니다. 그 당시에는 미세먼지가 아직 사회적 이슈가 아니었는데, 디젤엔진의 미세먼지 배출이 앞으로 중요한 환경 문제가 될 것이라고 예상해서 그 주제를 연구한 것이지요.

　디젤엔진 미세입자 문제를 해결하기 위해서는 우선 엔진 내에서 미세입자가 생성되는 원인과 메커니즘을 이해해야 했습니다. 그런데 엔진 내에서 미세입자를 직접 측정하기는 너무 어려웠습니다. 처음에는 엔진 내부가 아니라 외부에서 불을 피워 그 속에서 포집한 입자를 측정하는 것부터 시작하였습니다. 그러는 동안 미국 대학 연구실에서 레이저 광을 이용한 광학적 측정 방법으로 직접 엔진 속에서 입자 생성을 측정한 논문이 발표되었습니다. 그래서 J 박사도 입자 생성에 영향을 주지 않는 광학 측정 방법을 연구하기 시작하였습니다. 몇 년 동안 프로젝트 연구비를 아껴야 레이저를 구입할 수 있을 만큼 고가여서, 첨단 연구를 하기에는 연구비가 넉넉하지 않았습니다. 그래도 이런저런 과정을 거쳐 레이저 계측 방법으로 엔진 연소실의 미세입자 생성을 연구하여 박사 학위 논문을 썼습니다. 화염(불) 조건을 변경하면서 미세입자 농도를 레이저로 계측한 실험 결과와 함께 미세입자가 생성되는 원리를 이해하면 엔진 내부의 미세먼지 생성을 줄이게끔 설계를 변경할 수 있다는 주장을 실었습니다. 이 논문이 통과되어 J 박사는 박사학위를 받았습니다.

첨단 연구를 계속하고 싶어 미국으로

최첨단 레이저 입자 계측 연구를 계속하고 싶어 하던 중에 미국 미시간대학 연구실과 연결되었습니다. 이 연구실에서 막 시작한 프로젝트로 우주선 내의 화재, 즉 무중력 상태에서 일어나는 화재를 실험하는데 방문연구자로 참여하게 되었습니다. 무중력 화염 실험 장치를 설계하고 레이저 계측 장치에 대한 예비 실험을 거쳐 본 실험을 하였습니다. 당시 이 프로젝트에서 함께 연구했던 박사과정 학생 피터는 우주에서 무중력 화재 실험을 하기 위한 미션 스페셜리스트 두 사람 중 한 사람으로 선발되어 훈련을 받기도 했습니다. 결국 피터는 스페

이스 서틀에 타지는 못했지만, 지금 미국 M대학의 교수로 화재 분야 연구를 계속하고 있고 J 박사는 미국 출장길에 한 번씩 들러 옛날 이야기를 나누곤 합니다.

할 수 있는 연구를 해야 한다

연구 결과가 막 나오기 시작할 무렵이었는데, 1년이 지나자 방문 연구가 끝나 귀국할 수밖에 없었습니다. J 박사는 귀국 후에도 레이저 연소 계측이라는 첨단 연구를 계속하고 싶었습니다. 프로젝트에 관한 제안서를 내고 연구비도 받아서 후속 연구 과제를 몇 개 수행했지만, 미국 연구실과 경쟁하는 데 필수적인 고가 레이저 설비 등 연구 장비와 연구 인력을 얻기가 어려웠습니다. 그즈음 새로운 주제인 폐기물 소각 기술과 관련된 대규모 프로젝트를 주도하게 되었고, 아쉬움을 남긴 채 레이저 계측 연구는 자연스럽게 중단된 거지요.

이 연구의 교훈은 할 수 있는 연구 주제를 택해야 한다는 것입니다. 연구실이 가진 시설, 장비, 연구비, 연구에 사용할 수 있는 시간 등을 고려하면, 당시의 상황에서 레이저 계측 연구는 할 수 있는 연구 주제는 아니었다고 판단됩니다.

3

에피소드 3
선진 기술을 도입한 소각로 연구

우리나라 맞춤형 소각로 기술 연구

1990년대 우리나라 과학기술 연구 목표는 주로 기술의 국산화였습니다. 미국 등 선진국 기술을 바탕으로 우리나라에 필요한 대형 기계 설비를 설계, 제작, 설치하여 현장에서 테스트하는 것이 주된 주제였습니다.

본격적인 산업화와 도시화가 급속히 진행되면서 도시의 쓰레기 양이 많아지고 플라스틱 등 썩지 않는 쓰레기가 크게 늘면서 매립 처리가 곤란해지자, 1990년대 중반에 목동에 설치된 대형 소각 시설(현재 양천자원회수시설, 1996년 가동)을 시작으로 본격적으로 폐기물 소각이 시작됩니다. 외국 소각로, 특히 독일과 일본의 소각로 기술을 도입하기 위한 심의에 참여한 J 박사는 당시 우리나라 쓰레기는 발열량이 너무 낮아서 이미 설치된 외국 소각 시설이 제대로 가동되지 않는 심각한 문제가 있다는 것을 깨달았습니다.

음식물폐기물을 분리수거하지 않았던 당시에는 국물이 많은 우리나라 음식의 특성상 쓰레기를 태울 때 높은 열을 낼 수 없었습니다. 쓰레기를 소각할 때 연소실의 온도가 충분히 높아지지 않으면 다이옥신이 많이 생성되는 문제가 생깁니다. 이런 문제는 독일 등 소각 시설을 만든 나라에서는 일어나지 않는 현상이었죠. 소각 설비를 새로 설계하지 않으면 해결이 안 될 만큼 큰 문제였지만 외국 기업이 그렇게까지 해줄 리는 만무했습니다. 그렇다고 우리 기업에서 해결하기에는 당시의 기술력으로는 불가능했습니다. 이런 상황에서 J 박사에게 주어진 연구 주제는 우리나라 폐기물을 잘 처리할 맞춤형 소각로 기술을 개발하는 것이었습니다.

독일의 소각 기술을 도입

J 박사는 우리나라 최초의 외국 주재 국내 연구소인 KIST 유럽 연구소를 독일에 설립하는 데 참여했습니다. 그리고 독일 연구소에 새로 채용된 독일 연구자들과 함께 한국형 소각 시설에 적용할 수 있는 기술 개발에 착수하였습니다. 가장 앞선 독일 기업의 소각 기술을 활용하여 새로운 방식의 세라믹 화격자 소각 설비를 설계하기로 했는데, 도기ceramics로 만들어진 세라믹 화격자는 고온에 잘 견딜 뿐만 아

니라 오래 온도를 유지할 수 있어서 발열량이 낮은 우리나라 폐기물도 처리할 수 있다고 판단했습니다. 화격자란 소각로에 설치되어 공기와 잘 접촉하도록 고체 폐기물을 적절하게 혼합하는 장치입니다.

독일 연구자들의 소개로 칼스루헤 연구소와 협력하여 연구하게 되었습니다. 이 연구소에는 타마라TAMARA라는 대형 소각로 시험 설비가 있어서 소각로를 연구하기에 더할 나위 없이 좋은 곳이었습니다. 독일 정부가 소각로 개발을 위해 설치한 이 설비는 설치 비용만 250억 원이나 들었다는 세계 최고의 시설이었습니다. 그곳의 실험 결과를 바탕으로 국내에 시험 시설을 건설하고 연구를 계속할 수 있었습니다. 독일에서 미리 실험하지 못했다면 시행착오를 피하기 어려웠을 테고, 연구비며 개발 기간도 더 많이 소요됐을 것입니다.

그때의 개발 프로젝트 경험을 바탕으로 J 박사는 이후 15년간 과학기술부와 환경부에서 연구비를 지원받아 수냉 화격자 기술(냉각수로 화격자를 냉각하여 고온에 견디게 하는 기술)을 개발하였습니다. 화격자는 고온 상태에 계속 노출되므로 6개월마다 교체해야 했는데, 수냉 화격자 기술은 냉각을 잘하도록 설계하여 화격자의 수명을 크게 늘릴 수 있었습니다. J 박사는 국내 기업에 이 기술을 이전하는 계약을 체결하여 상업화에도 성공했습니다.

공동 연구로 연구의 폭을 넓힌다

연구에 필요한 핵심 기술과 실험에 필요한 설비 등을 연구실에서 모두 갖추고 있으면 가장 바람직하겠지만, 다른 연구소와 대학이 가진 설비 또는 실험 시설을 이용하여 공동 연구를 수행하는 것도 좋은 방법입니다. 어떤 연구, 어떤 실험을 해야 할지 찾아내면 연구 수행 방법도 찾아낼 수 있다는 교훈을 얻었습니다.

에피소드 4

배기가스를 처리하는 촉매 연구

배기가스에서 문제를 발견

J 박사가 선택한 다음 연구 주제는 소각로의 배기가스 처리 기술입니다. 독자적으로 개발한 폐기물 소각로의 온도를 잘 유지하여 다이옥신을 크게 줄일 수는 있었지만, 배기가스 중 다이옥신은 아주 낮은 농도로까지 제거해야 하는 유해물질이라 다이옥신은 여전히 해결해야 하는 문제입니다. 당시는 분말 활성탄을 분사해서 다이옥신을 제거하는 독일의 방식을 널리 사용하고 있었는데, 시설 운영 비용의 3분의 1이 분말 활성탄을 구입하는 것일 만큼 많은 비용이 드는 것이 문제였습니다.

분말 활성탄을 대체할 해결책으로 J 박사가 제안한 기술은 다이옥신을 분해하는 촉매 기술이었습니다. 다이옥신 등 소각 배출가스를 처리하는 나노촉매 개발 대형 융합 과제를 기획하고 KIST를 중심으로 소각 기술, 다이옥신 분석, 촉매 개발 전문가들이 동시에 참여하여 3년 동안 1단계 연구를 수행하였고, 그 결과 촉매 개발에 성공하고 다이옥신 분해 실험으로 효과를 확인하였습니다.

그런데 현장에 기술을 적용하는 2단계 실용화 연구로 넘어가면서 과제에 참여하던 촉매 전문가들이 다른 연구 프로젝트로 옮겨 가는 바람에 어려움에 직면했습니다.

촉매 기상합성법 시도

촉매 전문가들이 빠져나간 후 촉매 개발 경험이 없던 J 박사가 연구를 계속하려면 연구원들을 촉매 연구실에 파견하는 수밖에 없었습니다. 촉매에 관한 공부부터 새로운 촉매를 직접 합성하는 실험까지, 연구를 처음부터 다시 하는 수준이어서 쉽지 않은 과정이었습니다. 이 기술을 실용화할 만한 수준이 되려면 촉매의 다이옥신 분해 효율이 더 높아야 하는데, 기존의 합성법으로는 한계가 있었습니다.

그때 우연히 한 논문에서 촉매 기상합성법을 접하고 연구를 시작했습니다. 액상에서 촉매 입자를 합성하는 예전의 방식에서 벗어나 기상gas phase에서 촉매 입자를 합성하는 새로운 방식을 도입한 것이지요.

실용화 연구와 원천 기술 연구에 해당하는 촉매합성법 연구를 동시에 수행하는 것은 큰 부담이었습니다. 어쩔 수 없이 촉매 합성법 연구로 합성한 촉매를 실제 장치에서 바로 성능을 실험하는 식으로 연구를 수행했습니다.

당시 기상합성법을 처음 제안한 C 연구원은 J 박사가 새로운 합성법을 연구할 시간은 없다고 크게 반대하자 몰래 밤을 새워 기상합성 실험을 성공시켰습니다. 이 연구의 성공은 이후 박사학위를 받은 뒤 지금은 R&D컨설팅 회사를 창업한 C 박사 덕분입니다.

기상합성법으로 촉매를 합성한 결과, 촉매의 성능에 가장 크게 영향을 미치는 표면적이 기존의 합성법으로 만든 촉매에 비해 4배 정도 늘어났습니다. 이 새로운 촉매는 기존 촉매의 다이옥신 분해 효율인 62퍼센트를 뛰어넘어서 95퍼센트까지 향상되었고, 소각로 배기가스 처리 시스템에 이 촉매를 적용하여 성공할 수 있었습니다.

연구의 폭을 넓히는 새롭고 과감한 시도를 한다

이 연구를 통해 얻은 교훈은 연구실에서 하던 연구나 가지고 있는 기술을 응용하는 데 머물 것이 아니라 주저하지 말고 과감하게 새로운 방법을 시도하라는 것입니다. 실패를 두려워하는 마음이야 당연하지만, 실패하는 과정에서 많은 경험을 얻을 수 있고 의외로 새로운 문제 해결 방법을 찾아낼 수 있으니 도전할 만한 가치는 충분합니다.

에피소드 5

담배 연기 처리 기술 연구

담배회사의 방문

J 박사가 2015년에 상용화한 나노촉매를 적용한 담배 연기 처리 장치가 KBS, MBC, YTN 등 방송에 대대적으로 소개되었습니다. 연구소에서 연구를 끝낸 다음 시제품 시험과 실제 제품을 개발하는 후속 연구를 진행했고, 기술 이전 후에는 흡연실에 설치할 담배 연기 정화장치의 설계를 수정하는 작업을 하고 있습니다. 제품 가격이나 크기 등 기업에서 요구하는 조건들이 달라지므로 마무리 단계에서도 예상외로 해야 하는 일이 적지 않습니다.

담배 연기 처리 기술은 과제를 수행하는 과정에서 파생된 신기술입니다. 2007년부터 환경부 과제로 수행했던 '나노 기술을 이용한 환경 촉매 기술 개발'에서 개발한 촉매의 활성 성분을 일부 바꾸어 실험해보니, 실내 공기 중의 휘발성 유기화합물(포름알데히드, 벤젠 등) 분해에도 도움이 되는 것을 확인했습니다. 2013년 기술전시회에 이 기술을 출품하였는데, 담배회사에서 J 박사를 찾아왔습니다. 사회공헌 차원에서 담배 흡연실의 실내 공기 오염 문제를 해결하려고 애쓰던 그 기업에서 J 박사의 이 기술을 활용하고 싶었던 거지요.

　　실내 공기 오염과 더불어 흡연실의 담배 냄새 문제를 해결하는 것도 J 박사가 맡은 연구였습니다. 이 문제를 해결하기 위해 담배회사에서 흡착제 필터 등 다양한 기술을 검토하였지만, 흡연실 오염물질 농도는 일반적인 실내보다 약 1,000배 이상이기 때문에 필터를 거의 매일 교체해야 합니다. J 박사가 개발한 장치는 촉매 필터로 담배 연기를 잡아서 분해하기 때문에 필터 교체가 필요 없이 반영구적으로 쓸 수 있으니 경제적이지요.

새벽의 밤샘 실험

　　J 박사의 발명품은 담배 연기를 분해하여 제거하는 촉매 필터를 설치한 공기 처리 장치입니다. 이 연구는 다른 연구에서 개발된 원천기술을 새로운 분야에 성공적으로 적용한 사례입니다. 소각로 배기가스를 처리하기 위해 개발한 촉매를 바탕으로 담배 연기와 악취를 분해하는 새로운 촉매 소재 개발에 착수하였습니다.

　　청정흡연실을 연구하려면 실험용 담배 연기가 필요해서 연구실

안에 흡연실을 두어야 했습니다. 처음에는 흡연실에서 연구원들이 직접 담배를 피우면서 실험했습니다. 연구원들은 이 연구를 위해 끊었던 담배를 다시 피우기까지 했지요. 그런데 담배를 한꺼번에 10대씩 피우는 것은 힘들어서 자동으로 담배를 피우는 장치를 만들었습니다.

어쩌다 실험실에서 새나가는 담배 연기는 더 큰 문제였습니다. 실내에서 담배를 피우지 말라고 옆 실험실에서 항의가 들어온 거죠. 담배를 피우는 것이 아니라 실험을 하는 것이라고 양해를 구하기는 했지만, 그나마 불편을 덜 끼치기 위해 연구소에 사람들이 적은 새벽에 실험했습니다. 그 후엔 남양주에 공장을 세우고 실험용 흡연실을 옮겨서 연구를 계속하였습니다.

어려움을 피하지 않고 원리를 연구한다

이 연구를 통해 얻은 교훈은 어느 방향으로 연구 주제가 흘러갈지 알기는 어렵다는 것입니다. 그리고 현실의 문제를 해결하는 연구라면 연구 환경이 어렵더라도 피하지 않아야 합니다. 무엇보다도 기술 개발 연구에서도 원천이 되는 공학 원리를 연구해야 합니다. 환경 촉매 기술을 개발하는 개별 프로젝트의 목표 달성에 만족하기보다는 현상과 메커니즘의 원리를 깊이 연구했기 때문에 활성 성분 구성을 바꾸어 새로운 물질의 분해에 적용하는 후속 연구를 할 수 있었던 것입니다.

필자가 대학원 공부를 하던 20대부터 현재까지 하는 일의 대부분이 연구입니다. 현장의 문제를 해결하는 기술을 개발하는 연구를 했고, 그동안 개발해온 기술을 실제에 적용한 제품을 생산하기 위한 스타트업 기업을 2017년에 창업한 일은 정말 보람 있는 일입니다.

어떤 기술 또는 제품을 개발할 때 그 기술과 제품의 작동 원리, 그 과정에서 일어나는 현상을 과학적으로 이해한다면 대단히 유리합니다. 실제 문제에서 일어나는 현상이 무엇인지 알아내는 것은 이제까지 없던 해결책을 찾아내는 것은 중요한 열쇠가 됩니다.

독자 여러분들도 세상의 문제들을 이제까지와 다른 시각에서 바라보고 깊이 생각하고 원리를 탐구하는, 멋진 연구자를 꿈꾸시길 기대합니다.

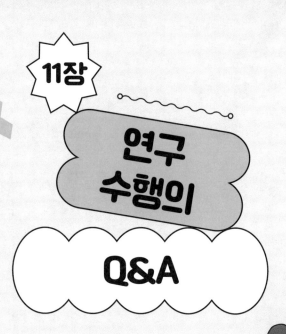

11장

연구
수행의

Q&A

　이번 장에서는 예비 연구자인 학생들로부터 받은 연구에 관한 질문과 그 답변을 정리하여 수록합니다. 독자 여러분들도 연구와 연구 방법론에 관한 의문과 그 답에 관해 나름대로 생각해보는 기회가 되기를 바랍니다.

연구 방법론에 관한 질문

Q. 과학 연구 방법론을 다룬 책과 강의가 많지 않습니다.

과학기술 연구 방법론에 관한 교과서나 강의가 많지 않던데, 이유가 무엇인가요?

A. 연구 방법론이 보편적으로 정해져 있다고 여기기 때문입니다.

연구 수행에 관련된 강의를 준비하면서 살펴보니 의외로 자연과학 또는 공학 분야의 연구 방법론을 다룬 책 또는 강의 자료가 많지 않았습니다. 자연과학이나 공학 분야의 연구는 실험하고 결과를 분석하여 결론을 내리는 것이라 이미 신뢰할 만한 연구 방법이 잘 알려져 있기 때문일 것입니다. 반면 사회과학 연구 방법론에 대해서는 책과 논문 등이 정말 많았습니다. 사회현상을 탐구하는 사회과학에서는 주장 또는 결론에 신뢰를 얻기 위해 과학적으로 연구했다고 연구 방법을 제시하는 것이 중요하기 때문이 아닐까 싶습니다. 즉 사용한 연구 방법론을 신뢰할 수 있도록 과학적이라는 점을 강조하는 거지요. 심지어 결과보다도 방법론 설명에 더 집중하는 논문도 많습니다.

자연과학이나 공학 분야 논문도 연구 방법을 자세히 쓰도록 권장하지만, 실제로는 각 연구 방법이 정말 신뢰할 수 있고 적합한지 연구자도, 지도교수도 깊이 생각하는 것 같지 않아 아쉽습니다. 더욱이 이런 실험을 했더니 저런 결과가 나오는데 그 결과는 이런 의미가 있다고만 설명하거나, 똑같은 장치나 장비로 사용하는 소재와 비율만 조금 바꾼 유사 실험으로 논문을 쓰는 경우도 의외로 많습니다. 논문은 실험(연구)해보니 이런 결과가 나왔다고 설명하는 정도로는 충분하지 않습니다. 실험에서 나온 현상이나 결과의 이유가 무엇인지 이론이나 원리를 찾아내는 일이 더 중요하며, 원리를 찾아내고 일반화하는 것이 확장성과 파급효과가 큽니다. 더 나아가 밝혀낸 원리를 적용할 수 있는 범위와 한계, 제약은 없는지 등을 더 깊이 파고들어 연구할수록 좋은 연구가 됩니다.

Q. 일반적 연구 방법론을 적용하는 것이 항상 맞을까요?

가설을 수립하고 실험을 계획하여 실험 방법을 정하고 데이터를 수집한 후 분석을 거쳐 실험 결과 토론을 통해 결론을 내는 일반적 과학 연구 방법론은 유용하다고 생각합니다. 하지만 이미 알려진 원리와 기술을 기반으로 연구하는 것이 아니라 전혀 새로운 문제를 연구하는 경우라면 일반적 연구 방법론을 따를 수 없지 않을까요? 독창적인 방법으로 연구해도 결과적으로 새로운 지식을 얻을 수 있다면 인정받을 수 있지 않을까요?

A. 새로운 연구 방법에 대해서도 열려 있어야 합니다.

일반적 연구 방법론을 제시한 것은 이 연구 방법론에 따라서만 연구해야 한다는 의미가 아닙니다. 그보다는 연구 방법론의 원리를 이해해야 합니다. 연구 방법론 체계, 즉 주제 선정, 질문과 가설 설정, 가설 검증 실험을 통한 결론 도출로 이어지는 연구의 순서와 원리를 이해하고, 이를 기반으로 구체적인 방법을 고안하면 됩니다. 독창적인 새로운 연구 방법으로 결과를 얻었다면 익숙하지 않은 새 연구 방법을 신뢰할 수 있도록 연구 방법의 타당성을 독자들에게 잘 설명해야 합니다.

연구 주제 선정에 관한 질문

Q. 연구 주제에 관한 배경과 이론을 충분히 공부하기 힘들어요.

지도교수님이 내주시는 실험을 해내기도 벅차서 그저 실험 데이터를 만들어 보여드리느라 바쁩니다. 실험을 왜 하는지도 파악하지 못하고 연구 주제에 관한 배경과 이론을 폭넓게 공부하기 어려워 고민하고 있습니다. 어떻게 해야 할까요?

A. 논문을 나름대로 정리한 후 확인하는 질문을 해봅니다.

연구 주제의 이론과 배경지식 공부는 정말 중요합니다. 지도교수님과의 미팅 시간에 이 연구를 왜 하는 것인지, 연구의 목적, 배경과 이론에 대해 물어보는 것이 좋겠습니다. 스스로 관련 논문을 찾아

읽고 연구의 의미, 관련 이론 등을 정리한 후 자신이 이해한 내용이 맞는지 확인하는 질문을 드린다면 더 효과적일 것입니다.

Q. 자료 수집과 조사를 효과적으로 할 수 있는 방법을 알려주세요.

지도교수님이 연구 주제와 관련된 선행 연구를 조사해보라고 하셨는데, 논문 자료 정리가 어렵습니다. 연구 주제와 관련된 키워드로 검색해보니 논문의 양이 너무 방대한 데다 논문을 모두 읽어야만 내용을 파악할 수 있어서 힘듭니다. 이 많은 논문을 모두 읽는 건 사실상 불가능한데, 자료 수집을 효과적으로 하는 방법이 있을까요?

A. 지식 지도 작성을 목표로 초록, 결론, 서론 순으로 읽어봅니다.

검색해서 나오는 모든 논문을 읽고 정리하는 것은 당연히 불가능합니다. 주제와 방향을 정하는 데 도움이 되는 논문, 연구 방법 및 결과 해석에 도움이 되는 논문으로 크게 나눕니다. 대개는 논문 제목을 중심으로 분류하지만, 제목만으로는 논문의 내용을 모두 파악하기 어렵습니다. 이때 초록을 읽으면 이 논문이 무엇을, 어떻게 연구했는지 파악하는 데 도움이 됩니다. 그러고 나서 결론 부분을 읽어서 어떤 주장을 하는지 확인하고, 그 주장이 내 연구에 의미가 있는지 판단합니다. 그래서 연구 방향을 정하는 데 필요한 논문이라고 생각되면 서론을 읽어서 연구의 배경과 제기된 문제를 파악합니다. 연구 방법, 결과 해석에 도움이 될 논문이라면 일단 목록에 저장해두고 나중에 읽으면 효율적입니다.

그렇다면 논문은 몇 편이나, 어느 정도 읽어서 정리해야 할까요? 3장에서 말했듯 그 분야의 전체적인 연구 경향과 맥락을 이해하여 지식 지도를 그릴 정도여야 합니다.

Q. 현재 유행하는 주제를 따라야 할까요?

연구소나 대학에서 수행하는 연구는 유행을 심하게 타서 당장 중요한 이슈를 해결하는 연구가 대부분입니다. 이렇게 현재의 문제 해결에 초점을 두는 추세를 따르는 것이 좋을까요? 많은 연구자가 몰리는 특정한 주제를 연구하는 것이 맞는지, 아니면 다른 방향으로 가야 하는지 고민입니다.

A. 미래를 잘 예측하여 정해야겠죠.

현재 유행하는 주제든 남들이 하지 않는 주제든 간에, 장단점이 있습니다. 필자는 연구자들이 많이 연구하는 주제를 피해서 10년 후에 중요해질 분야와 주제를 예상하고 연구 주제를 선택한 편입니다. 이때 새로운 지식을 얻을 수 있는지, 사회적으로 미치는 파급효과는 무엇인지가 주제의 중요성을 판단하는 기준입니다. 시대의 변화에 따라 사회가 요구하는 연구 주제가 달라집니다. 따라서 지금 좋은 주제라고 해서 미래에도 계속 가치가 있을지 판단해야 합니다. 변화하는 주변 환경을 전체적으로 이해하고 객관성 있는 근거를 찾으려고 노력하면 미래에 중요해질 문제를 예상해서 능동적으로 대처할 수 있습니다.

3

가설과 연구 설계에 관한 질문

Q. 연구 소요 시간을 미리 예상해보고 싶어요.

주제를 정할 때부터 연구에 드는 기간을 미리 예상할 수 있을까
요?

**A. 연구를 진행하는 중에도 틈틈이 연구를 마무리할 수 있는지 점
검해야 합니다.**

연구 중에는 항상 여러 가지 상황이 발생하는 것을 감안하면 연
구에 소요되는 시간을 정확하게 예상하는 건 불가능합니다. 다만 연
구를 계획할 때 주어진 시간에 마무리까지 할 수 있는 연구 주제인지
확인해볼 필요가 있습니다. 여러 가지 실험을 해야 하는 연구라면 각

실험에 어느 정도 시간이 필요한지, 추가로 실험을 더 할지, 아니면 후속 연구로 넘길지 등을 결정해야 합니다. 그러므로 연구 수행 중에도 항상 주어진 시간 내에 연구를 마무리할 수 있는지를 점검하면서 진행하는 것이 좋습니다.

Q. 가설이 지나치게 확고하면 시야가 좁아지지 않을까요?

가설을 세우고 연구를 해도 현장의 실험 조건으로 고생하거나, 가설을 너무 믿는 바람에 비교적 간단한 문제를 해결하지 못해 헤매기도 합니다. 가설 자체에 너무 몰입하면 시야가 좁아져서, 실험 결과가 가설과 다른 원인을 찾기 어렵습니다. 때로는 확고한 가설이 오히려 연구 진행에 방해 요소가 되지는 않을까요?

A. 가설이 틀릴 수 있다고 인정할 각오도 있어야 합니다.

실험 전에 가설을 설정하는 중요한 이유는, 가설을 입증하는 실험 과정에서 결과를 해석하면서 연구 주장의 신뢰성을 확인하기 때문입니다. 가설은 얼마든지 틀릴 수 있으므로 열린 마음으로 보는 것이 중요합니다.

Q. 예측과 결과가 다를 때 시간이 충분하지 않다면 어떻게 할까요?

실제 실험 결과가 예측과 크게 다른 경우, 좋은 결과가 나올 때까지 계속 시도하는 것과 새로운 방향으로 바꾸는 것 중에 어느 쪽이 바람직한가요? 계획을 변경하기에는 시간이 충분하지 않다면 어떻게 해야 할까요?

A. 결과를 바탕으로 계획이 변경된 이유를 잘 설명할 수 있어야 합니다.

현실은 계획과 차이가 나기 마련이라 무조건 처음 설정한 계획대로 진행하는 것은 바람직하지 않습니다. 그보다는 결과가 예상과 다른 이유를 알아내는 것이 중요하지요. 연구자의 실수나 오류가 아니고 처음 가설, 전제가 맞지 않다면 가설을 수정하고 계획을 변경하는 것이 맞습니다.

연구 계획서를 제출한 프로젝트는 임의로 계획을 바꿀 수 없어서 계획에 묶이기 쉽습니다. 그럴 때는 연구 방향의 수정을 승인받는 절차를 따라야 합니다. 시간이 없어서 그러기 어렵다면, 일단 계획을 수정하되 결과를 발표할 때 계획과 다르게 연구를 진행한 이유를 타당하게 설명해야 합니다. 기존의 계획에 따라 나온 결과와 변경된 계획에 의한 결과를 비교하여 계획을 변경한 이유를 설득해야 합니다.

Q. 가설과 실험 결과가 많이 다르다면 실패일까요?

가설에서 기대한 결과가 나와야만 의미가 있을까요? 왜 실패하였는지 이유가 명확하면 의미 있는 결과가 아닐까요?

A. 왜 실패하였는지 이유를 명확히 분석하는 것이 중요합니다.

실험 결과가 가설과 다른 것은 흔한 일입니다. 예상한 대로 결과가 나오지 않는다고 낙심하기보다는 실패한 이유를 분석해 가설을 수정하면서 더 나은 연구를 할 수 있는 기회가 됩니다. 그리고 이 과정을 통해 연구자는 연구 역량이 성장합니다.

4

실험에 관한 질문

Q. 문제가 무엇인지 몰라서 헤맬 때 정말 막막합니다.

연구하다가 좋은 결과가 나오지 않아 어려움을 겪고 있을 때 어디쯤 헤매고 있는 건지 알아낼 방법이 있을까요?

A. 일단 연구를 중단하고 객관적인 시각으로 바라볼 필요가 있습니다.

연구에서 좋은 결과가 나오지 않아 헤매고 있을 때 그 상황을 해결하려고 이런저런 시도를 하는데, 그런 상태에서 무엇이 문제인지 알아내기가 어렵습니다. 그럴 때는 일단 그 상황 밖으로 빠져나와서 연구의 수행 과정 중에 어디에 문제가 있는지 객관적으로 점검해보는 것이 좋습니다. 가설 수립, 논증 계획, 실험 방법, 실험 수행, 결과 해석, 결론 도출의 과정을 차례대로 찬찬히 살펴서 어느 과정의 무엇이 문제인지 객관적으로 보려고 시도하는 것입니다.

Q. 처음에 세운 가설과 다르지만 중요한 결과들이 실험 결과에서 보인다면 어떻게 할까요?

실제 실험 결과가 가설과 완전히 다르지는 않지만 더 중요한 결과가 발견되면 가설을 바로 수정하고 연구를 진행해야 하는지, 아니면 가설을 입증하는 기존의 실험을 좀 더 해서 오류를 확인해야 하는지 궁금합니다.

A. 본래의 가설과 수정한 가설 모두 확인할 수 있는 실험을 합니다.

때로는 실험 중에 본래의 가설보다 현상을 설명하는 더 중요한 결과를 실험에서 발견하기도 합니다. 그렇다고 해도 바로 가설을 수정하기보다는 본래의 가설과 수정한 가설을 비교할 수 있는 실험을 하고, 가설을 수정하는 것이 바람직합니다.

결과 해석과 마무리에 관한 질문

Q. 실험 결과를 편향되게 해석하지 않으려면 어떻게 해야 하나요?

가설에 맞추려고 실험 데이터를 편향되게 해석하는 경향이 있습니다. 편향을 피하기 위해 주의할 사항이 있을까요?

A. 자신의 가설도 의심하는 것이 연구자의 기본 태도입니다.

본인의 가설을 지나치게 확신하여 실험 데이터가 가설과 일치하는 것으로 여기는 현상을 '확증 편향'이라고 합니다. 편향을 완전히 피하기는 어렵지만, 자신의 가설까지도 의심하는 것이 연구자의 기본 태도입니다. 일단 가설을 중심으로 실험 결과를 해석하되, 이 해석이 편향될 수도 있다는 것을 항상 염두에 두고 객관성을 잃지 않도록 해야 합니다. 스스로 이 가설이 틀렸다는 반론을 제기하고 그 반론에 답할 수 있는지 살펴봅니다.

Q. 다른 논문과 객관적으로 비교하는 것이 어려워요.

선행 연구 논문과 비교하여 연구 결과의 타당성을 설명하려 하는데, 실험 결과가 그 논문의 결과와 유사한 경향이라는 설명 말고 이론 해석에 의한 비교 등 다른 방법도 있을까요?

A. 절댓값의 직접 비교보다 경향을 보여주는 정도로 접근하세요.

다른 논문과 실험 결과를 비교할 때는 절댓값을 비교하기보다는 실험 결과 값의 범위나 경향을 비교하여 이론적 해석과 일치하는지 보여주는 것이 좋습니다. 논문에는 다른 연구자들이 연구를 재현할 수 있도록 실험 결과와 방법을 상세하게 기재하도록 요구하지만, 대개 주장을 입증하는 데 필요한 정도로 기재합니다. 선행 연구 논문도 실험 당시의 환경 요소나 계측기 특성 등은 자세히 설명하지 않고, 저자의 의도에 따라 데이터를 처리하는 등 결과 해석에도 편향이 있을 수 있습니다. 이론 해석을 적용하여 연구 결과에 대한 신뢰를 확보하는 것은 좋은 방법입니다.

Q. 연구 결과를 일반화하기가 조심스러워요.

실험에서 좋은 결과를 얻었지만, 일회성일 수도 있다는 생각에 결론을 일반화하기가 조심스럽습니다. 다양한 대상과 조건에서 실험하기 전에는 실험 결과를 일반화하는 확대 해석은 피해야겠지요?

A. 현상의 원인과 이론을 포함한 연역적 논증이 중요합니다.

결론을 일반화할 때는 충분한 실험 결과가 필요할 뿐 아니라 반증 예에 관한 실험 결과도 필요합니다. 한두 가지 실험 결과만으로 일반화된 결론을 내리는 귀납적 논증의 오류를 피하려면 이론 해석 등을 이용해서 그 실험 결과가 나오는 이유를 연역적으로 논증하고, 일반화하더라도 범위를 제한할 필요가 있습니다.

과학 연구와 기술 개발 연구에 관한 질문

Q. 과학과 기술의 경계는 명확한가요?

과학은 원리를 알아내는 것이고 기술은 과학을 응용해 인간의 삶에 도움을 줄 수 있는 시스템을 개발하는 것이라면, 과학과 기술 간에 경계를 명확하게 할 수 있는지 궁금합니다. 순수과학과 응용과학인 기술 개발 연구는 연구의 형태로 정의되는 것이 아니라 결과를 활용하는 목적에 따라 구분되는 것이 아닐까요? 또 대학원에서 하는 연구에서도 상용화를 고려하여 산업적 연구를 해야 하나요?

A. 과학과 기술을 연계해서 이해할 필요가 있습니다.

근대 과학 시대 이전에는 과학과 기술이 독자적으로 발전해왔습니다. 하지만 근대 이후에는 과학 발견에서 기술 발전이 유도된 경우도 많습니다. 이 책에서는 과학과 기술 연구가 가지는 특성, 목표, 방향, 방법 등에서 차이점이 있다는 점과 그것을 넘어 과학과 기술을 어떻게 연계할지 설명하려고 합니다.

대학원에서는 연구하는 법을 가르치는 교육이 기본 목적이지만, 연구 결과가 실제 산업적으로 적용될 때의 실용적·경제적 제약을 고민해보는 것은 연구자로서 생각의 폭을 넓히는 데 도움이 될 것입니다.

Q. 기술의 가치를 어떻게 판단해야 할까요?

기존 기술을 대체할 새로운 기술을 개발하고 있습니다. 그런데 이 기술이 제한된 조건에서만 효과가 있더라도 중요하다고 할 수 있을까요? 적용 범위가 넓은 기존 기술에 비해 특정한 조건이지만 효과가 더 우수하다면 계속 연구할 가치가 있는 걸까요? 새로운 공정이 경제적 측면에서 실용성이 크지 않다면 어떻게 해야 할까요?

A. 특정 조건에서라도 탁월하다면 가치가 있습니다. 더불어 기술 개발 연구에서는 생산 비용 등이 중요하지요.

특정한 조건하에 한정적이라고 해도 새로운 기술이 기존 기술보다 성능이 탁월하다면 충분한 가치가 있습니다. 다만 적용 범위를 넓히기 위한 연구가 필요하겠지요. 경제적 측면에서 실용성이 크지 않더라도 새로운 공학 이론 연구는 그 자체로 중요하고 가치가 있습니다. 하지만 기술 개발이라면 생산 비용, 잠재적인 시장의 요구, 규제 극복 등 실용적인 측면을 고려해야합니다. 또한 제약이 있을수록 그 제약을 극복하는 과정에서 기술 혁신이 이루어질 가능성이 큽니다.

연구 수행 전략에 관한 질문

Q. 어떤 전략이 차별화된 전략일까요?

경쟁자의 전략을 이길 차별화된 전략이란, 어떤 전략인가요? 오랫동안 경쟁력을 유지할 수 있을 전략을 세우려면 어디서부터 시작해야 할까요?

A. 전략의 지속 가능성을 생각해봅시다.

한 세대에 성공했던 전략도 다음 세대에서는 대응법이 나와서 경쟁력이 유지되지 못하는 것이 일반적입니다. 따라서 어떤 전략이 경쟁자와 차별화된 전략인지 단정적으로 말하기는 어렵습니다. 해결해야 하는 문제의 본질과 경쟁자와 본인의 장단점을 파악하여 전략을 수립하고, 그 전략대로 수행하면서 미래의 변화에 대응하는 전략을 수립해야 차별화된 전략이라고 하겠습니다.

Q. 가치 있는 연구와 중요한 연구는 같은가요?

가치 있는 연구와 중요한 연구는 같은가요, 아니면 다른가요? 모든 연구가 가치 있고 중요한 연구라야 하나요? 인류에 도움이 되고 비약적인 과학 발전을 가져오지 않는다면 의미가 없는 연구일까요?

A. 연구의 가치는 다각도로 판단할 수 있습니다.

자신의 연구가 가치 있는 연구인지 고민하는 것은 중요합니다. 그것이 이 책을 쓴 이유입니다. 내 연구가 제일 중요하다는 생각에서 벗어나, 연구의 가치를 고민하는 태도는 좋은 연구자로 성장하는 기본이 됩니다. 필자는 "본인의 연구 주제와 너무 깊게 사랑에 빠지지 말라"라고 농담 반, 진담 반으로 이야기하곤 합니다. 연구 주제와 사랑에 빠지면 밤낮으로 열심히 연구에 몰두할 수 있다면 장점이 되지만, 지나치면 그 주제가 가진 문제나 단점을 객관적으로 보기 어렵습니다.

인류에 도움이 되고 비약적인 과학 발전을 가져올 연구가 중요하고 가치 있는 것은 당연합니다. 그러나 대학원생에게는 연구하는 법을 배우고 익힐 수 있는 주제라면 가치가 충분하고, 다른 연구자들에게 새로운 연구 방향을 제시하는 연구라면 충분히 가치가 있습니다.

연구 훈련에 관한 질문

Q. 어려운 연구를 어느 시점에 시작해야 할까요?

대학원에 막 입학한 참이라 상대적으로 쉽고 얻는 지식이 적은 주제를 연구하고 있습니다. 하지만 이런 유형의 연구를 계속하면 좋은 연구자로 성장하기 어려울 것 같아 고민인데, 어느 시점에 어려운 주제 연구를 시작하는 것이 바람직할까요?

A. 필자는 박사 과정 2년차가 되면 권합니다.

연구 초기에 결과를 얻을 수 있는 상대적으로 쉬운 문제를 연구하도록 하는 것은 연구 훈련의 일부이며, 그 결과를 발표하면서 성취감을 느끼게 하려는 배려입니다. 일단 실험 스킬과 연구 방법론을 어느 정도 익힌 후에는 시간이 많이 걸리고 결과가 쉽게 나오지 않을 어려운 문제에 과감히 도전해야 합니다. 어느 시점에 그런 연구 주제에 도전할지는 연구실의 상황에 따라 다르겠지만, 필자의 연구실에서는 박사 과정 2년차 정도에는 본격적으로 자신만의 연구 주제를 정하여 연구하기를 권합니다.

Q. 연구를 빨리 시작해야 실패를 통해서 연구를 잘하게 되지 않나요?

연구에는 많이 해보면서 몸으로 익혀야 하는 부분도 적지 않습니다. 충분한 시간을 갖고 계획을 세우는 것이 중요하다는 건 이해하지만, 하루라도 빨리 연구를 시작하여 실패를 통해 익히는 것이 낫지 않을까요?

A. 충분히 생각하여 시행착오를 줄이는 것도 중요합니다.

연구에는 많이 해보면서 몸으로 익혀야 하는 스킬이나 노하우도, 연구에 실패하는 경험을 통해 배울 수 있는 부분도 당연히 있습니다.

충분한 시간을 갖고 연구 주제를 결정하라는 것은 시행착오를 줄이는 일의 중요성을 강조하는 것입니다. 실패의 경험은 가능하면 연구 주제를 확정하기 전에 예비 실험에서 해보는 편이 좋습니다.

Q. 교수님 말씀이 이해가 안 될 때는 어떻게 해야 할까요?

"주눅 들거나 위축되지 말고 동료 과학자로 대접받도록 행동하라"라는 말이 와 닿습니다. 그런데 학생들 세미나에서는 질문을 많이 하지만, 박사님이나 교수님 세미나에서는 입이 쉽게 떨어지지 않습니다. 교수님의 주장이 이해되지 않을 때 적절하게 질문하는 팁이 있을까요? 교수님은 활발하게 의견을 제시하고 토론하자고 하시는데, 항상 수동적인 저의 자세를 바꾸고 싶습니다.

A. 근거나 이유를 확인하는 질문을 통해 추가 설명을 요청하는 요령도 필요합니다.

학생들이 질문해서 자세히 설명하는 것을 싫어하는 박사님이나 교수님은 없으니 너무 염려하지 말고 질문하기 바랍니다. 교수님의 주장이 이해가 되지 않는 경우나 반박하고 싶은데 직접적으로 묻거나 반박하기 쉽지 않다면, 교수님이 주장하시는 근거나 이유를 질문하여 추가 설명을 들을 수 있지 않을까요? 수동적인 태도를 바꾸는 것이 쉽지는 않지만, 주장의 근거나 이유에 과한 질문으로 시작하면 토론을 통해 연구자로 성장해가는 자신을 발견하게 될 것입니다.

Q. 실험에서 일어나는 실패의 책임 소재는 어디에 있나요?

단순히 주어진 문제를 푸는 데 머물지 않고 여러 각도에서 고민하여 가설을 세우고 연구 수행 방안을 교수(또는 연구 책임자)에게 제시해야 한다고 하셨는데, 초보 연구자인 제가 가설을 제시했다가 실험에서 좋은 결과가 나오지 않으면 그 책임을 묻지는 않을까요?

A. 결과에 대한 책임은 지도교수가 지는 것입니다.

실패할 때의 책임 문제가 부담스럽기도 할 것입니다. 하지만 학생들이 제시한 가설과 수행 방안이라도 교수(또는 연구 책임자)가 일단 받아들였다면 실험 실패의 책임은 지도교수(연구 책임자)가 져야 맞지요. 실패한 책임을 진 교수님께 죄송스럽다면, 학생(초보 연구자)은 더욱 열심히 연구하여 좋은 결과를 얻는 것으로 보답하면 되지 않을까요?

나는 연구하고 실험하고 개발하는 과학자입니다

만렙 과학자의 연구생활

1판 1쇄 발행 | 2022년 11월 29일
1판 2쇄 발행 | 2023년 5월 11일

지은이 | 정종수
펴낸이 | 박남주
편집자 | 박지연 한홍
펴낸곳 | 플루토
출판등록 | 2014년 9월 11일 제2014-61호
주소 | 10881 경기도 파주시 문발로 119 모퉁이돌 3층 304호
전화 | 070-4234-5134
팩스 | 0303-3441-5134
전자우편 | theplutobooker@gmail.com

ISBN 979-11-88569-40-3 03400